云南建设学校
国家中职示范校建设成果

国家中职示范校建设成果系列实训教材

计算机应用基础项目实训手册

管绍波　主编
王雁荣　主审

中国建筑工业出版社

图书在版编目（CIP）数据

计算机应用基础项目实训手册/管绍波主编 .—北京：
中国建筑工业出版社，2014.11
国家中职示范校建设成果系列实训教材
ISBN 978-7-112-17035-7

Ⅰ.①计… Ⅱ.①管… Ⅲ.①电子计算机-中等专业学校-
教材 Ⅳ.①TP3

中国版本图书馆 CIP 数据核字（2015）第 139103 号

　　本书以项目为导向，以任务为驱动，结合专业特点，贴合工作实际，选择贴近工作与生活的示范案例并在学习中提炼知识点，促进学生对知识的理解与运用。本书共分为熟悉计算机及其操作、办公软件使用、计算机网络基础及 Internet 应用 3 个情境。

　　由于本书强调实际操作，理论知识相对弱化，故可作为中等职业学校教材，也可作为办公人员自习教材。

　　本书的素材及效果库可通过发送邮件至：2917266507@qq.com 免费获取。

责任编辑：聂　伟　陈　桦
责任校对：焦　乐

国家中职示范校建设成果系列实训教材
计算机应用基础项目实训手册
管绍波　主编
王雁荣　主审

＊

中国建筑工业出版社出版、发行（北京海淀三里河路 9 号）
各地新华书店、建筑书店经销
北京科地亚盟排版公司制版
北京建筑工业印刷厂印刷

＊

开本：787×1092 毫米　1/16　印张：13　字数：313 千字
2017 年 12 月第一版　2018 年 7 月第二次印刷
定价：28.00 元
ISBN 978-7-112-17035-7
（25841）

国家中职示范校建设成果系列实训教材

编审委员会

主　任：廖春洪　王雁荣

副主任：王和生　何嘉熙　黄　洁

编委会：（按姓氏笔画排序）

王　谊　　王和生　　王雁荣　　卢光武　　田云彪

刘平平　　刘海春　　李　敬　　李文峰　　李春年

杨东华　　吴成家　　何嘉熙　　张新义　　陈　超

林　云　　金　煜　　赵双社　　赵桂兰　　胡　毅

胡志光　　聂　伟　　唐　琦　　黄　洁　　蒋　欣

管绍波　　廖春洪　　黎　程

序　言

　　提升中等职业教育人才培养质量，需要我们大力推动专业设置与产业需求、课程内容与职业标准、教学过程与生产过程"三对接"，积极推进学历证书和职业资格证书"双证书"制度，做到学以致用。

　　实现教学过程与生产过程的对接，全面提高学生素质、培养学生创新能力和实践能力，要求构造体现以教师为主导、以学生为主体、以实践为主线的中等职业教育现代教学方法体系。这就要求中等职业教育要从培养目标出发，运用理实一体化、目标教学法、行为导向法等教学方法，培养应用型、技能型人才。

　　但我国职业教育改革进程刚刚起步，以中等职业教育现代教学方法体系编写的教材较少，特别是体现理实一体化教学特点的实训教材非常缺乏，不能满足中等职业学校课程体系改革的要求。为了推动中等职业学校建筑类专业教学改革，作为国家中等职业教育改革发展示范学校的云南建设学校组织编写了《国家中职示范校建设成果系列实训教材》。

　　本套教材借鉴了国内外职业教育改革经验，注重学生实践动手能力的培养，涵盖了建筑类专业的主要专业核心课程和专业方向课程。本套教材按照住房和城乡建设部中等职业教育专业指导委员会最新专业教学标准和现行国家规范，以项目教学法为主要教学思路编写，并配有大量工程实例及分析，可作为全国中等职业教育建筑类专业教学改革的借鉴和参考。

　　由于时间仓促，水平和能力有限，本套教材还存在许多不足之处，恳请广大读者批评指正。

《国家中职示范校建设成果系列实训教材》编审委员会

前　言

　　随着我国中、小学信息技术教育的日益普及和推广，大部分中职学生计算机知识的起点也越来越高，教学已经不再是零起点，很多学生在中学阶段都系统地学习了计算机基础知识，并具备一定的操作和应用能力，对中职学生计算机应用基础课程教学提出了更新、更高、更具体的要求。

　　本书以项目为导向，以任务为驱动，结合专业特点，贴合工作实际，选择贴近工作与生活的示范案例并在学习中提炼知识点，促进学生对知识的理解与运用；同时每个教学案例有配套的数字资源，可让读者实现完全自学。课堂教学时可以完全实现以学生为中心的教学。此外，本书针对每个项目可以从"职业素质及学习能力"、"专业能力及创新意识"、"安全及环保意识"三方面进行任务评价，灵活的现实过程量化考核，对每个学生都能做出客观的评价。

　　本书共分为熟悉计算机及其操作、办公软件使用、计算机网络基础及 Internet 应用 3 个情境，9 个项目，每个项目都具有具体的学习任务。

　　本书情境 1、情境 3、项目 2.4 由云南建设学校管绍波编写，情境 2 的项目 2.1 由云南建设学校张娟编写；情境 2 的项目 2.2、项目 2.3 由云南建设学校梁颖编写。全书由云南建设学校王雁荣主审。

　　由于本书强调实际操作，理论知识相对弱化，故可供中等职业学校学生使用，也可作为办公人员自学教材。

　　由于编者水平有限，加之时间仓促，本书在编写过程中难免存在疏漏和不妥之处，恳请读者批评指正。

目　　录

情境 1　熟悉计算机及其操作

项目 1.1　计算机基础知识

任务 1.1.1　配置自己的计算机

一、任务要求

1. 了解计算机基础知识。

2. 掌握计算机主要硬件及其性能指标。

3. 制作一份计算机配置单。

二、任务分析

计算机作为日常工作、学习、娱乐的必备工具，已经走进了千家万户，每个人都面临购买自己的计算机，那么，对于非专业人士，如何选择适合自己的计算机呢?

通过本任务的学习，可以让您在了解计算机常用硬件的基础上，通过互联网了解主要硬件的性能、价格，制作一份适合自己的计算机配置单，为日后购买计算机打下基础。

三、任务实施的路径与步骤

顺序	实施内容	达到效果
1	了解计算机基础知识	识别计算机外观，了解计算机的基础知识
2	学习计算机硬件系统	掌握计算机的硬件系统及性能指标
3	学习计算机常用的配件及性能	了解组成计算机的主要配件及性能
4	制作一份计算机配置单	根据需求制定一份计算机配置单

四、任务实施

1. 认识计算机

如图 1-1 所示，从外观上认识计算机的常见组成，并在图 1-1 的方框内填写相应设备名称。

图 1-1

主机是计算机的信息处理、传输、存储的主要部件集合。目前主流计算机主机通常由主机箱、主板、电源、硬盘驱动器、风扇、显卡等相关板卡组成，另外可根据需求配置 CD-ROM 驱动器、视频采集卡、独立声卡等配件。

主机箱有立式机箱与卧式机箱。通常面板上有指示灯、按钮，还有 CD-ROM 驱动器面板、USB 接口等。

2. 计算机硬件系统

硬件是计算机的实体，又称为硬设备，是所有固定装置的总称，按其性能分为运算器、控制器、存储器、输入设备和输出设备五大部分，其中运算器和控制器合称中央处理器（CPU）；存储器又分为内存储器和外存储器；中央处理器与内存储器负责了计算机的主要数据计算与处理，因此从性能上称为主机，其他设备称为外设，如图 1-2 所示。

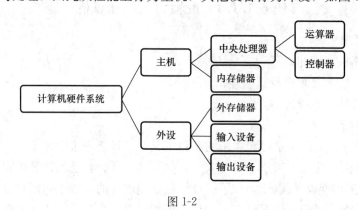

图 1-2

（1）中央处理器

中央处理器（CPU）也称为微处理器，如图 1-3 所示，是一块超大规模集成电路芯片，是计算机的"心脏"。中央处理器主要由运算器和控制器两大部件组成，负责计算机的数据计算与信息加工处理。目前主流的处理器有 Intel 系列与 AMD 系列。

图 1-3

其主要性能指标如下：

主频：是指 CPU 的时钟频率。主频越高，单位时间内 CPU 完成的操作越多，基本单位是"Hz"，目前主流的处理主频都采用"GHz"作为单位。

字长：是 CPU 一次能处理二进制数的位数。字长越大，CPU 的运算范围越大、精度越高。目前主流的处理器字长为 32 位、64 位。

（2）存储器

存储器按特点可分为：内存储器、高速缓冲存储器和外存储器。

1）内存储器

内存储器也叫主存储器，简称内存，用于存放当前运行的程序和数据，属于临时存储器，可分为随机存储器和只读存储器。

随机存储器（RAM）：RAM 在计算机运行过程中可以随时读出所存放的信息，也可以随时写入新的内容，关机后所存储的数据消失。随机存储器一般制作成条状（称内存条），在购买计算机时购买的内存，一般指的是 RAM，如图 1-4 所示。

只读存储器（ROM）：ROM 里的内容只能读出，不能写入，关机后存储的数据不会丢失。一般用于存储出厂设置，通常固化在主板上。

图 1-4

2）高速缓冲存储器

高速缓冲存储器是内存与 CPU 交换数据的缓冲区，一般设有一级缓存和二级缓存。

3）外存储器

外存储器具有存储容量大，价格便宜的特点，用于大量存储计算机数据，目前常见的外存储器有硬盘、光盘存储器（只读型、一次写入型和可重写型）、USB 存储器、USB 移动硬盘，如图 1-5 所示。

图 1-5

（3）输入设备

输入设备是向计算机输入程序、数据和命令的部件。目前常见的输入设备有鼠标、键盘、扫描仪、光笔、数码相机、话筒、条码扫描仪等，如图 1-6 所示。

（4）输出设备

输出设备是用来输出经过计算机运算或处理后所得的结果，并将结果以字符、数据、图形、声音等人们能够识别的形式进行输出。常见输出设备有显示器、打印机、投影仪、绘图仪、声音输出设备等。

1）显示器

显示器是计算机的最主要输出设备，是用屏幕来输出经过计算机运算或处理后的结

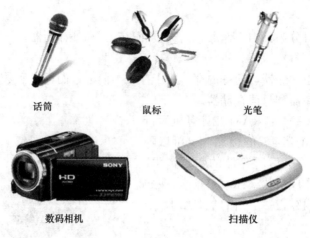

话筒   鼠标   光笔

数码相机   扫描仪

图 1-6

果。通过显示器能及时了解计算机的工作状态，查看信息处理的过程和结果，及时纠正错误，指挥机器正常工作。显示系统由监视器（图 1-7）和显示控制适配器（显卡）（图 1-8）组成。

图 1-7

图 1-8

    显示器分为阴极射线管显示器（CRT）与液晶显示器（LCD）两种。目前主流使用的是液晶显示器，其主要性能指标有屏幕尺寸、分辨率、刷新率、可视角度、响应时间等。其中，分辨率是指每行有多少像素点数、每列有多少像素点数，通常采用 1024（点）×768（行），随着显示器与显卡的发展，显示分辨率越来越高，显示清晰度也越来越高。

2）打印机

打印机是一种常用的输出设备，是将计算机处理结果输出物理介质的设备，按打印机的工作原理分为击打式和非击打式。常见的有针式打印机、喷墨打印机和激光打印机等，如图 1-9 所示。

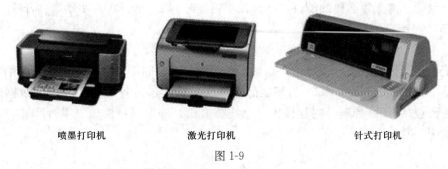

喷墨打印机　　　　　　激光打印机　　　　　　　针式打印机

图 1-9

针式打印机是一种打印成本低廉，噪声大，分辨率低，体积大，价格高，速度慢的击打式打印机，目前主要用于票据打印。

喷墨打印机是一种精度高、噪声小、价格较低的非击打式打印机，目前常用于照片打印。

激光打印机是一种高速度、高精度、低噪声的非击打式打印机。

3）投影仪

投影仪主要用于教学、培训、会议等公众场合，它通过与计算机的连接，可以把计算机的屏幕内容全部投影到银幕上，投影机分为透射式和反射式两种。

投影机的主要性能指标是：显示分辨率、投影亮度、投影度、投影尺寸、投影感应时间、投影变焦、输入源和投影颜色等。

4）绘图仪

绘图仪是一种输出图形硬拷贝的输出设备，如图 1-10 所示，分为平板和滚动绘图仪两种。

图 1-10

5）声音输出设备

声音输出设备包括声卡和扬声器两部分。声卡（也称音频卡）插在主板的插槽上，通过外接的扬声器输出声音。常见的声音输出设备有耳机和音箱，如图 1-11 所示。

耳机　　　　　　　　　　音箱

图 1-11

3. 计算机常用配件

在配置计算机时，可以选配的硬件非常多，作为普通的使用者，在采购计算机时应先了解自己的需求，以性能略超出自己的需求为宜，不宜好高骛远，什么硬件都买最好的。

购买一台普通计算机需要配置主板、中央处理器、内存、显卡、硬盘、机箱、电源、显示器、鼠标、键盘等必要的配件，还可以根据实际需要选配 DVD 驱动器、音箱、耳机、USB 设备、打印机等设备。

（1）主板

系统主板又称为系统板、母板，是微型计算机的核心部件，是一块高度集成的印刷电路板，是中央处理器（即 CPU）与其他部件连接的桥梁，是各部件之间进行数据交换的通道。主要包括 CPU 插座、内存插槽、总线扩展槽、外设接口插槽、串行和并行端口等部分，如图 1-12 所示。

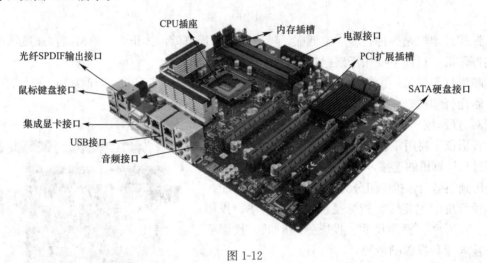

图 1-12

在配置计算机时，应首先选择主板，它决定 CPU、内存等配件的选择，选择主板时应主要考虑芯片组、兼容性、可扩展性等因素。

（2）显卡

显卡（Video card，Graphics card）全称显示接口卡，又称显示适配器，如图 1-8 所示，是计算机最基本配置、最重要的配件之一。显卡接在计算机主板上，它将计算机的数字信号转换成模拟信号让显示器显示出来，同时显卡还有图像处理能力，可协助 CPU 工作，提高整体的运行速度。对于从事专业图形设计的人来说显卡非常重要。

在配置计算机时，可根据选择的主板情况选择显卡，有些主板已经集成了显卡，对于普通使用者来说已经足够使用，但对于从事三维图片处理的人来说是需要配置性能相对较好的独立显卡的，选择时因考虑芯片组（GPU）、显卡内存、技术支持（像素填充率、顶点着色引擎、3D API、RAMDAC 频率等）、流处理单元等因素。

（3）硬盘

硬盘是计算机主要的存储媒介之一，由一个或者多个铝制或者玻璃制的碟片组成。碟片外覆盖有铁磁性材料。

硬盘分为固态硬盘（SSD 盘）、机械硬盘（HDD 盘）（图 1-13）、混合硬盘（HHD

盘）。SSD 采用闪存颗粒来存储，HDD 采用磁性碟片来存储，混合硬盘（HHD：Hybrid Hard Disk）是把磁性硬盘和闪存集成到一起的一种硬盘。绝大多数硬盘都是固定硬盘，被永久性地密封固定在硬盘驱动器中。

图 1-13

硬盘作为计算机的辅助存储设备，是配置计算机时必选配件，目前主流使用的硬盘有固态硬盘和机械硬盘。固态硬盘具有存储速度快、性能稳定的特点，但价格较高；机械硬盘价格相对便宜，在选择机械硬盘时应注意存储容量、转速、平均访问时间、接口等因素，购置时应选择知名品牌。

存储容量的最小单位是位（bit），基本单位是字节（Byte），常用单位是 kB、MB、GB、TB，然而随着大数据时代的到来，存储容量的单位还可用 PB、EB、ZB、YB、DB、NB 表示。

4. 制作计算机配置清单

经过前述内容的学习，通过上网查阅（建议在"中关村在线"进行查阅）进一步学习配件的性能，并查出相应的价格，制作表 1-1 所示的计算机配置单及价格组成。在制作配置清单时，要注意主板与 CPU、内存等设备的兼容性，以够用为基本原则进行制作，并对计算机配置进行评价，见表 1-2。

个人计算机配置清单　　　　　　　　　　　　　　　　　　　　　表 1-1

配件	产品名称	数量	价格
CPU			
显卡			
主板			
内存			
硬盘			
光驱			
电源			
机箱			
音箱			
显示器			
散热器			
鼠标键盘套件			
合计			
选配理由			

個人計算機配置評価　　　　　　　　　　　　　　　表 1-2

实训内容	自我评价		
选购方案	性价比高□	性价比一般□	性价比低□
配置方案	合理□	一般□	不合理□
教师评价			

五、任务工作页

专业		授课教师	
工作项目	计算机基础知识	工作任务	配置自己的计算机

理论巩固	1. 计算机产生于_____年。 2. 计算机硬件系统由_____、_____、_____、_____、_____组成。 3. 存储容量的基本单位是_____。 4. 硬盘分为_____、_____和_____三种。 5. 在配置计算机时内存通常指的是_____。 6. 中央处理器的主要性能指标有_____和_____。 7. 显示器的分辨率指_____。 8. 打印机分为_____和_____两类。 9. 常见的输入设备有_____。 10. 常见的输出设备有_____。

工作过程	基本项目	1. 学习计算机基础知识。 2. 学习计算机主要硬件及其性能指标。 3. 制作一份计算机配置单
	拓展项目	1. 通过网络查找计算机的各配件，了解其性能指标及价格。 2. 掌握利用网络学习知识的能力

	评价项目	评价项目及权重	权重	学生自评 (30分)	教师评价 (70分)	小计
项目评价	职业素质及 学习能力	1. 按时完成项目	0.4			
		2. 遵守纪律				
		3. 积极主动、勤学好问				
		4. 组织协调能力（用于分组教学）				
	专业能力及 创新意识	1. 完成指定要求后有实用性拓展	0.3			
		2. 完成指定要求后有美观性拓展				
	安全及 环保 意识	1. 按要求使用计算机及实训设备	0.3			
		2. 按要求正确开、关计算机				
		3. 实训结束按要求整理实训相关设备				
		4. 爱护机房环境卫生				
	总分					
	教师总结					

任务 1.1.2　安装所需的应用软件

一、任务要求

1. 掌握正确的开机、关机方法。
2. 掌握应用软件安装的方法。

二、任务分析

作为普通的计算机使用者，在配置完计算机后，一般都会有专业人士安装好操作系统，而对于个人而言则需要根据自己的需要安装应用软件。本任务主要介绍计算机软件系统相关知识，以及应用软件的获取、安装等，为日后使用所需要的应用软件打下基础。

三、任务实施的路径与步骤

顺序	实施内容	达到效果
1	正确的开、关机方法	掌握开、关机的正确顺序
3	计算机软件系统的知识	掌握计算机软件相关事宜
2	应用软件的获取	掌握应用软件的获取方法
3	安装应用软件	掌握应用软件的安装方法

四、任务实施

1. 掌握正确的开机、关机

（1）开机

对于已经配置好并安装了操作系统的计算机，其开机操作是很简单的，虽然简单，如果操作不当，可能造成计算机硬件的损坏或缩短硬件使用寿命，因此在使用计算机时应按正确的开机、关机顺序进行操作。

正确是开机顺序是：先开显示器、打印机、音箱等外部设备，最后开主机。

（2）关机

关机操作也应该按正确的规范进行操作，按以下顺序进行关机，先关闭所有正在运行的应用程序，然后选择【开始】，再单击【关机】按钮，如图 1-14 所示，待主机关闭后，再关闭显示器、打印机、音箱等外设电源。

2. 计算机软件系统

在任务 1.1.1 中，我们已经学习了计算机硬件系统的相关知识，然而一台只有硬件的计算机被称为"裸机"，是不能进行任何操作的，计算机能在各行各业得到广泛的使用，完全得益于其强大的软件系统。

图 1-14

一个完整的计算机系统由硬件系统和软件系统两大部分组成。

（1）认识计算机软件

结合计算机所安装的软件，通过上网查阅资料，认识软件，并完成表 1-3。

认识软件系统   表 1-3

软件名称	软件类型	主要功能
Windows 7		
网卡驱动程序		
Microsoft Word		
QQ		
AutoCAD		
Photoshop		
360 杀毒		

（2）软件系统相关知识

计算机软件分为系统软件和应用软件两大类。系统软件主要指用于计算机系统内部管理、控制和维护计算机各资源的软件，如操作系统、设备驱动程序等软件，常见的系统软件有：Windows、Dos、Linux 等操作系统软件。应用软件主要指为了实现某种用途而开发的功能性软件，它们是为了解决实际应用中的问题而专门设计的，如 Microsoft Office、QQ、Photoshop 等。

3. 计算机软件的获取

计算机软件按其许可分为商业软件、共享软件、免费软件等，除了免费软件可以从官网无偿下载并按许可协议使用外，按知识产权保护相关的法律法规，其他软件均需要通过购买正版正版光盘或者授权方可使用，否则便涉及侵权，可能被软件创作者追究法律责任。

在使用计算机软件时，可以根据自己的需求下载常用的免费软件，如 QQ、360 杀毒、百度云等免费软件，也可以购买必要的商业软件，如 Microsoft Office、AutoCAD、Photoshop、3ds Max 等。

要使用软件，必须先获取软件安装程序，对于免费软件应选择其官方网站进行下载，避免被黑客捆绑木马后导致计算机感染病毒，官网网址可以通过搜索引擎进行查找，常见的搜索引擎有百度、Google 等，本任务以获取 QQ 聊天软件为例进行介绍。

QQ 软件是国内一款普遍使用的即时聊天软件，可以免费下载使用，其官方网站为：http://im. qq. com。打开官网后，选择"下载"标签进入下载页面，然后选择"QQ PC 版"进行下载，如图 1-15 所示。

下载完成后便获得了安装程序，如图 1-16 所示，在后期使用时可根据自己的习惯存放安装文件。

4. 计算机软件的安装

在 Windows 操作系统中安装应用软件是比较简单的，只需要单击安装程序或者在安装包中单击"Setup. exe"、"Install. exe"等安装文件，就可以启动安装进程了，本任务以安装 QQ 聊天软件为例进行介绍。

图 1-15

图 1-16

单击图 1-16 中所示的"QQ8.9.exe"安装文件，首先看到的是 QQ 软件许可协议界面，如图 1-17 所示，可以通过单击"软件许可协议和青少年上网安全指导"查看软件许可协议，在没有异议的情况下，单击【立即安装】按钮进行安装，也可以选择"自定义选项"，进行安装路径、快捷图标等项的设置，安装程序将自动安装 QQ 软件至计算机中，最后出现完成安装界面，如图 1-18 所示，此时，请注意安装界面中的提示，如"安装 QQ 音乐播放器"、"安装应用宝"等，默认是选中的，如果不需要安装这些捆绑软件，请把绿色框内的钩去掉，最后单击完成安装。

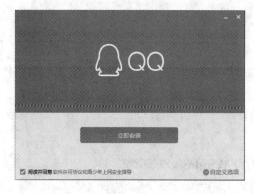

图 1-17

图 1-18

五、任务工作页

专业		授课教师	
工作项目	计算机基础知识	工作任务	安装所需的应用软件
理论巩固	1. 计算机软件分为_____和_____。 2. 常见的应用软件有_____、_____、_____等。 3. _____是必须经过购买授权后才能使用的软件。 4. 免费软件原则上应该从_____进行下载使用。 5. 安装软件时，一般单击安装包里的_____、_____文件开始安装。		

工作过程	基本任务	1. 掌握正确的开机、关机方法。 2. 掌握计算机软件相关知识，能区分系统软件与应用软件。 3. 掌握应用软件的安装方法
	拓展任务	1. 通过网络查找进一步了解软件著作权相关的法律法规，养成使用正版软件的习惯。 2. 掌握计算机修复系统漏洞的方法。 3. 安装杀毒软件，学会对计算机病毒进行查杀

任务评价	评价项目	评价项目及权重	权重	学生自评（30分）	教师评价（70分）	小计
	职业素质及学习能力	1. 按时完成项目	0.4			
		2. 遵守纪律				
		3. 积极主动、勤学好问				
		4. 组织协调能力（用于分组教学）				
	专业能力及创新意识	1. 完成指定要求后有实用性拓展	0.3			
		2. 完成指定要求后有美观性拓展				
	安全及环保意识	1. 按要求使用计算机及实训设备	0.3			
		2. 按要求正确开、关计算机				
		3. 实训结束按要求整理实训相关设备				
		4. 爱护机房环境卫生				
	总分					
	教师总结					

项目 1.2　Windows 7 操作系统

任务 1.2.1　设置自己的 Windows 7 环境

一、任务要求

1. 了解操作系统基本知识及 Windows 7 操作系统。

2. 掌握 Windows 7 的基本操作。

3. 掌握 Windows 7 的桌面、输入法的设置方法。

二、任务分析

Windows 操作系统是目前使用较广泛的操作系统，它是单用户多任务的图形界面操作系统，目前在用的版本有 Windows XP、Windows 7、Windows 8、Windows 10 等。每个人都有自己的审美与操作习惯，如何在自己的计算机上快速设置自己的习惯呢？本任务主要介绍了 Windows 7 的操作系统基本知识及操作，Windows 7 操作系统的常用设置。

三、任务实施的路径与步骤

顺序	实施内容	达到效果
1	了解操作系统基本知识	学习操作系统相关概念
2	认识 Windows 7 操作系统	掌握 Windows 7 操作系统相关知识
3	学习 Windows 7 基本操作	掌握 Windows 7 的基本操作
4	学习 Windows 7 的桌面、输入法设置	掌握 Windows 7 的基本设置方法

四、任务实施

1. 操作系统基本知识

（1）操作系统的概念

操作系统（Operating System，OS）是最重要的系统软件，它控制和管理着计算机系统的软、硬件资源，提供人对计算机进行操作的界面，提供软件开发和应用环境接口等，是人与硬件、应用软件沟通的桥梁。

（2）操作系统的功能

操作系统是用户和计算机的接口，它的功能包括文件管理、作业管理、设备管理、存储管理和处理机管理五个方面。

（3）操作系统的分类

随着信息技术的发展，出现了多种多样的操作系统，如 Dos、Windows、Linux、Unix 等，其功能差异巨大，能适应不同的应用和不同的硬件配置。其分类方式也有很多种，按与用户对话的界面分；按功能分；按是否能运行多任务分等。

按与用户对话界面分为图形界面操作系统和字符界面操作系统两种。按操作系统功能分为批处理操作系统、分时操作系统、实时操作系统、网络操作系统、分布式操作系统。

2. 认识 Windows 7 操作系统

打开安装了 Windows 7 的计算机电源后，系统将通过自检、引导进入 Windows 7 操作系统，成功登录后我们将会看到操作系统的桌面，桌面组成如图 1-19 所示。

Windows 7 是微软公司于 2009 年正式发布，主要有入门版、家庭普通版、家庭高级版、专业版、企业版、旗舰版等版本，作为 Windows 平台新一代的主流操作系统，其界面与性能与之前的版本都有较大的改观，主要体现在以下几个方面：

（1）支持 Aero 透明玻璃效果

Windows 7 采用了 Aero 透明玻璃效果，也就是毛玻璃效果。在 Windows 7 中，打开任何一个对话框，都可以清楚地看到边框下方的内容，如图 1-20 所示。

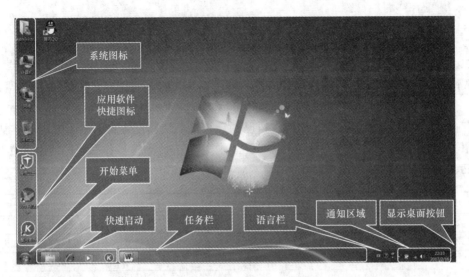

图 1-19

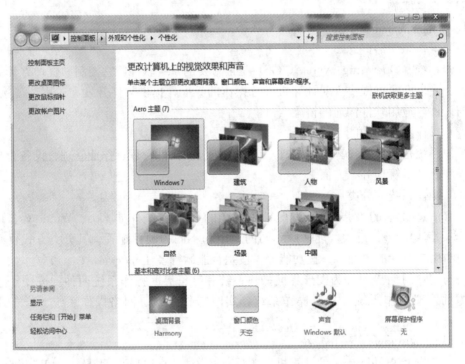

图 1-20

（2）智能窗口缩放

Windows 7 能实现半自动化的窗口缩放。用户把窗口拖到屏幕最上方时，窗口会自动最大化；把已经最大化的窗口向下拖时，它就会自动还原；把窗口拖到左、右边缘时，它就会自动变成 50% 宽度，便于用户排列窗口。

（3）丰富的小工具

Windows 7 提供了丰富的小工具库，用户可以根据自己的需求选择放置在桌面上的小工具，如图 1-21 所示。

14

图 1-21

另外，Windows 7 还有较多的改进与创新，在易用、快速、安全等方面都做出了改进，可通过网络自主学习更多更新的内容。

3．Windows 7 基本操作

Windows 7 操作系统的操作基本与之前 Windows 版本类似，熟悉 Windows 操作的人员，可以很快上手。

（1）鼠标操作

鼠标作为最常用的输入设备，使计算机的操作变得简单、便捷，鼠标常用的操作如表 1-4 所示。

鼠标常用操作 表 1-4

操作	作用
指向	移动鼠标，将鼠标指针移到操作对象上
单击	快速按下并释放鼠标左键，单击一般用于选定一个操作对象
双击	连续两次快速按下并释放鼠标左键，双击一般用于打开窗口，启动应用程序
拖动	按下鼠标左键，移动鼠标到指定位置，再释放按键的操作，拖动一般用于选择多个操作对象，配合"Ctrl"或"Shift"键复制或移动对象等，也可以用来拖动窗口
右击	快速按下并释放鼠标右键，右击一般用于打开一个与操作相关的快捷菜单

（2）窗口操作

窗口是 Windows 操作系统平台应用软件的操作界面，每打开一个应用，一般都会开启一个新的窗口，在 Windows 7 中，常用的窗口操作很多，操作方式也有多种多样，常用的操作如表 1-5 所示。

常用窗口操作 表 1-5

窗口操作	操作方法	
打开窗口	选择要打开的窗口图标，双击左键打开或者单击右键，在弹出的快捷菜单中选择【打开】命令	
最大化、最小化和还原窗口	通过单击标题栏右侧的 ▬ ▢ （最小化、最大化）按钮，可以实现相应操作，当窗口已经是最大化了，原来的最大化按钮会就成 ▬ ▢ （最小化、向下还原）按钮，此时单击该按钮窗口将会向下还原	这些操作还可以通过单击窗口最左侧的控制图标或者在标题栏空白处单击右键打开的控制菜单中进行操作

窗口操作	操作方法	
关闭窗口	单击标题栏右侧的 **X** （关闭）按钮；使用"Alt＋F4"快捷键	这些操作还可以通过单击窗口最左侧的控制图标或者在标题栏空白处单击右键打开的控制菜单中进行操作
移动窗口	在窗口模式下，将鼠标指针移动至标题栏处，按住鼠标左键，拖动鼠标便可以移动窗口	
改变大小	在窗口模式下，将鼠标指针移动至窗口边缘处，当鼠标指针变成双箭头时，按住鼠标左键，拖动鼠标便可以改变窗口大小	
切换窗口	当打开多个窗口，需要在各窗口之间进行切换时，常用的方法有：在任务栏上单击所要操作窗口的图标；按"Alt＋Tab"组合键切换，也可以通过"Windows＋Tab"组合键使用三维视图进行切换	
突出显示窗口	当打开多个窗口，要突出显示某一窗口时，就需要把其他窗口都最小化，其操作方法为：移动鼠标指针至要突出显示的窗口标题栏处，按住鼠标左键快速的左右拖动该窗口，其他窗口就会最小化，突出显示该窗口；再次重复此操作时，将还原其他窗口	

（3）菜单操作

Windows 操作系统的应用窗口中一般都包括集成了操作命令的菜单，菜单一般由子菜单、菜单命令和分隔符组成，菜单通常有开始菜单、下拉菜单和快捷菜单三类。

Windows 7 中的下拉菜单默认是隐藏的，以"计算机"窗口为例，通过【组织】菜单中的【布局】|【菜单栏】命令进行设置后便可以显示。Windows 中的菜单操作较容易，具体如表 1-6 所示。

Windows 菜单操作 表 1-6

窗口操作	操作方法
开始菜单	位于任务栏最左侧，单击 ⊞ 图标打开，用鼠标单击相应的菜单命令即可
下拉菜单	下拉菜单一般位于窗口标题栏下方，可通过单击菜单项或使用热键打开菜单或执行菜单命令
快捷菜单	通过单击右键打开，可通过单击菜单项或使用热键打开菜单或执行菜单命令

4. 设置自己的 Windows 7 环境

Windows 7 提供了很多个性化的设置，以满足不同用户的个性化需求，在使用计算机时，可以按照自己的审美、使用习惯对 Windows 环境进行设置，比如桌面背景、声音、输入法、屏幕保护程序等。本任务主要介绍常用的 Windows 环境设置，使在了解 Windows 操作系统后，按需求对系统环境进行设置。

（1）设置桌面背景

Windows 7 提供了多种主题供用户选择，包括了视觉、声音的组合方案，用户可以根据个人喜好选择主题。如果对主题中包含的桌面背景、声音等不满意，还可以进行自定义设置，其操作如下：

1）在桌面空白处单击右键，在弹出的快捷菜单中选择【个性化】命令，如图 1-22 所示，在打开的"个性化"窗口中，如图 1-23 所示，可以选择相应的主题，选择后

图 1-22

的主题便被应用了。

图 1-23

2）如果对主题中包含的桌面背景图片不满意，用户可以将自己喜欢的图片设置为桌面背景，还可以设置多张图片按设定好的时间进行轮换。操作方法为：在"个性化"窗口，单击【桌面背景】按钮，打开桌面背景窗口，如图 1-24 所示，在该窗口中可以通过

图 1-24

【浏览…】按钮，选择计算机中所保存图片，将其设置为桌面背景，还可对图片的播放时间、顺序、填充模式等进行设置。用同样的方法还可以设置窗口颜色、声音、屏幕保护程序等个性化效果。

3）在 Windows 7 中，可以通过图 1-23 左侧的更改桌面图标、更改鼠标指针、更改账户图片等选项对桌面图标样式及显示项、指针样式、账户图片等进行个性化设置。

（2）输入法设置

键盘是计算机最常用的输入设备，而键盘录入的速度与输入法是息息相关的，每个人习惯使用的输入法也是不一样的，那么，如何设置您想要的输入法呢？

1）添加输入法

在 Windows 7 系统中，能进行添加的输入法必须是已经安装在系统中的输入法，输入法的安装与前述所介绍的"安装所需的应用软件"方法一样。

在输入法安装好后，右键单击【语言栏】在弹出的快捷菜单中选择【设置…】命令，打开"文本服务和输入语言设置"对话框，如图 1-25 所示，在对话框中单击【添加…】按钮弹出"添加语言"对话框，如图 1-26 所示，在"添加语言"对话框中勾选所需要的输入法，单击【确定】即可完成添加。

2）设置默认输入法

添加完输入法后，输入法列表中，一般会出现多种输入法，此时在图 1-25 中，通过"默认输入语言"下拉列表，可以设置默认输入法，一般默认设置为英文输入法。

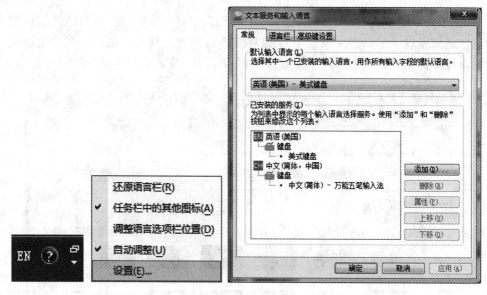

图 1-25

3）删除输入法

输入法如果添加太多，在进行切换时会比较麻烦，建设根据个人的习惯保留一种英文输入法，一至两种中文输入法，其他多余的输入法，可以从列表中删除。删除输入法的方法与添加输入法的方法一致。

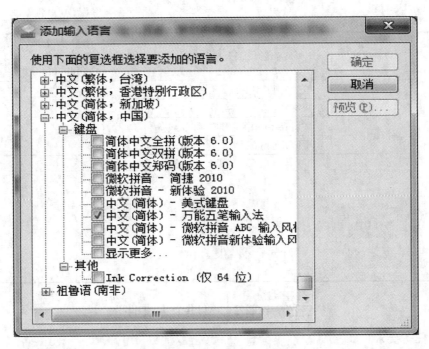

图 1-26

五、任务工作页

专业		授课教师	
工作项目	Windows 7 操作系统	工作任务	设置自己的 Windows 环境

理论巩固	1. 操作系统的主要功能是_____。 2. Windows 7 目前有_____等版本。 3. Windows 的菜单有_____三大类。 4. Windows 7 是由_____公司开发,是具有革命性变化的操作系统。 5. Windows 7 中切换窗口的快捷键是_____。

工作过程	基本任务	1. 了解 Windows 7 的基本知识。 2. 掌握 Windows 7 的基本操作。 3. 掌握 Windows 7 的常用设置
	拓展任务	使用控制面板,了解 Windows 7 的程序卸载、用户管理等设置

任务评价	评价项目	评价项目及权重	权重	学生自评 (30分)	教师评价 (70分)	小计
	职业素质及 学习能力	1. 按时完成项目	0.4			
		2. 遵守纪律				
		3. 积极主动、勤学好问				
		4. 组织协调能力（用于分组教学）				
	专业能力及 创新意识	1. 完成指定要求后有实用性拓展	0.3			
		2. 完成指定要求后有美观性拓展				

评价项目	评价项目及权重	权重	学生自评（30分）	教师评价（70分）	小计
安全及环保意识	1. 按要求使用计算机及实训设备	0.3			
	2. 按要求正确开、关计算机				
	3. 实训结束按要求整理实训相关设备				
	4. 爱护机房环境卫生				
总分					

（左侧跨行）任务评价

教师总结	

任务 1.2.2　整理个人文件

一、任务要求

小张的电脑中有很多散乱的个人资料，但时间太长了，他也忘记了具体存放在什么地方了，只知道大概的文件名了，他想将这些文件都整理到对应文件夹，然后把照片、文字、音乐等进行分类存放，并将原来的文件删除。

二、任务分析

在 Windows 7 中，文件和文件夹都可以进行新建、复制、移动、删除和重命名操作，这些操作属于文件的基本操作。依据小张的需求，他需要先创建自己的文件夹，并在个人文件夹中创建子文件夹，分别用于存储不同的资料，然后利用 Windows 7 的搜索功能，找出自己的资料，进行移动或复制，对文件进行整理。

三、任务实施的路径与步骤

顺序	实施内容	达到效果
1	新建文件夹	掌握新建文件或文件夹的方法
2	搜索文件	掌握使用通配符搜索文件的方法
3	复制/移动文件	掌握复制/移动文件、文件夹的方法
4	重命名文件	掌握重命名文件、文件夹的方法
5	删除文件	掌握删除文件、文件夹的方法

四、任务实施

1. 创建个人文件夹用于存放个人资料

小张为了整理个人文件，首先想到了在计算机中创建个人文件夹，并在文件夹内分类创建子文件夹用于存放相应的资料，操作步骤如下：

（1）在桌面空白处单击右键，在弹出的快捷菜单中，选择【新建】，在弹出的二级菜单中选择【文件夹】命令，如图 1-27、图 1-28 所示。

（2）完成上述操作后，在桌面上会出现一个高亮显示文件名的"新建文件夹"，此时直接输入小张的姓名，完成后单击桌面空白处，便完成了个人文件夹的建立。

（3）在个人文件夹中新建"文字资料"、"图片资料"两个子文件夹，完成后如图 1-29 所示。

图 1-27   图 1-28   图 1-29

2. 利用搜索功能找到个人文件

小张记得个人文字材料用文件存放，文件名里包含"1"，图片文件名包含"a"。读者在实际操作过程中，可随意设置查找关键字，使用 Windows 通配符"?"或"＊"可以快速找到相应的文件，操作方法如下：

（1）在桌面上双击"计算机"图标，在打开的"计算机"窗口中，双击 C 盘符，如图 1-30 所示。

（2）在搜索栏中输入"＊1＊.txt"，计算机开始自动搜索文件名中包含"1"的文本文件了，如图 1-31 所示。

（3）用同样的方法输入"＊a＊.jpg"，并可以找出文件名包含"a"的图片。

图 1-30

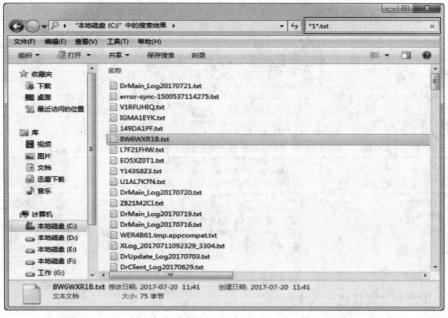

图 1-31

3. 将找到的文件复制到个人文件夹中

小张找到了自己的资料后，便可以通过复制文件的方式，将所需要的文件整理到之前建立好的文件夹中，实现个人资料的整理，操作方法如下：

（1）按住 "Ctrl" 键不放，依次单击要复制的文件，可选择不连续的文件；若文件为连续的，可以采用单击第一个要复制的文件，按住 "Shift" 键不放，再单击最后一个要复制的文件即可选中。

（2）在选中的文件上单击右键，弹出快捷菜单，选择【复制（C）】，如图 1-32 所示，即可将文件复制到剪贴板。

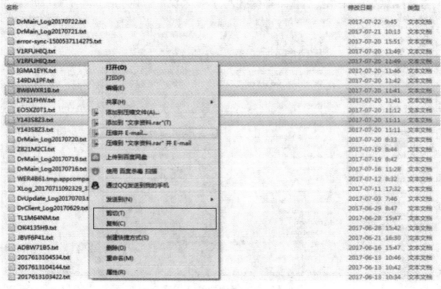

图 1-32

（3）双击桌面上的"小张"文件夹，再双击"文字资料"文件夹，打开文件夹后，在空白处单击鼠标右键，弹出快捷菜单，选择【粘贴（P）】命令，如图1-33所示，便可将剪贴板中的文件复制到指定的文件夹中。用同样的方法完成其他文字、图片资料的整理。

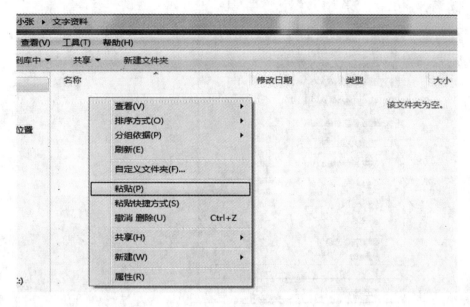

图 1-33

4. 将整理好的文件重新命名，便于以后使用

小张把文件复制到指定文件夹后，发现这样随意的文件不便于以后使用，故决定将文件进行重新命名，操作方法如下：

（1）进入小张的个人文件夹，右键单击要重命名的文件，弹出快捷菜单，在菜单中选择【重命名（M）】命令，如图1-34所示。

（2）完成上述步骤后，该文件名会高亮显示并自动进入编辑状态，此时使用键盘输入文件名即可完成修改，完成后如图1-35所示。用同样的方法对整理好的文件进行重命名。

注意：在重命名文件时，应该遵循以下几点要求：

（1）不修改文件扩展名，否则将导致文件无法打开。

（2）不能包含"/、｜、\、*、?、<、>、"、:"9个特殊符号。

（3）文件名不能超过255个字符。

（4）不能使用 CON、PRN、AUX、NUL、COM1、COM2、COM3、COM4、COM5、COM6、COM7、COM8、COM9、LPT1、LPT2、LPT3、LPT4、LPT5、LPT6、LPT7、LPT8及LPT9等设备保留名作为主文件名。

5. 删除复制错误的文件和不必要的文件

小张通过打开文件查看后，发现有一个并不是自己的文件，故应将其删除，操作方法如下：

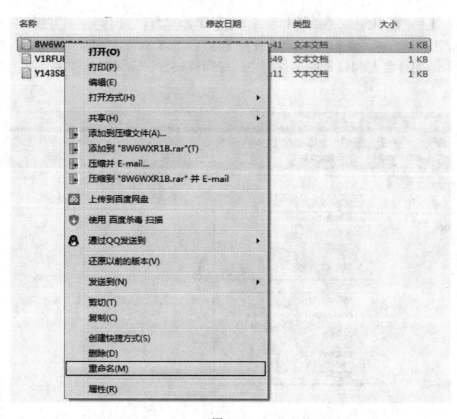

图 1-34

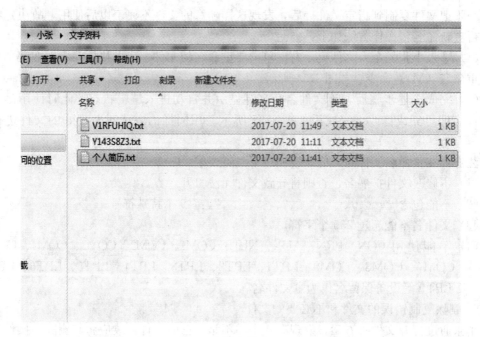

图 1-35

（1）进入小张的个人文件夹，右键单击要删除的文件，弹出快捷菜单，在菜单中选择【删除（D）】命令，如图 1-36 所示。

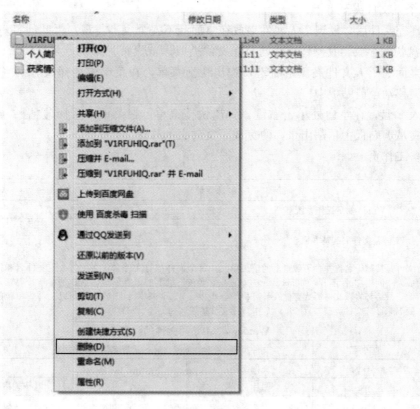

图 1-36

（2）执行完删除命令后，会弹出"删除文件"的确认对话框，在对话框中单击【确定】按钮，如图 1-37 所示，便完成了文件删除操作。用同样的方法，可以对存储在其他地方的不用的个人文件进行删除。

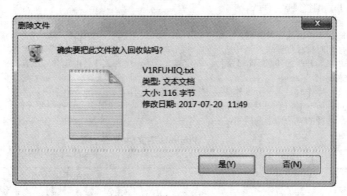

图 1-37

删除文件操作时应注意以下几点：

（1）按上述的步骤删除计算机硬盘中的文件后，若发现误删除，可以通过回收站进行还原。

（2）如果可以确保文件是不必要的，可以按住"Shift"键执行删除命令，以便彻底删除。

6. 移动个人文件夹至 F 盘

小张整理完文件后，发现个人文件夹放在桌面既不安全也不美观，因此他打算将文件夹移动至 F 盘长期存放，其操作方法与复制文件类似，步骤如下：

（1）在桌面的个人文件夹单击右键，弹出快捷菜单，在菜单中选择【剪切（T）】命令，将文件夹移动至剪贴板中。

（2）进入 F 盘，在空白处单击右键，弹出快捷菜单，在菜单中选择【粘贴（P）】命令，将文件夹从剪贴板中粘贴出来，便完成了文件夹的移动。

五、任务工作页

专业		授课教师	
工作项目	Windows 7 操作系统	工作任务	整理个人文件
知识准备	<div>1. 文件、文件夹的基本概念 （1）文件 文件是被赋予名称并存于磁盘上的信息单元，每个文件都有文件名，文件名由主文件名和扩展名构成，中间用"."隔开，如 abc. txt。文件是数据在磁盘上的组织形式，不管是文章、声音，还是图像，最终都将以文件形式存储在计算机的磁盘上。Windows 对数据的管理是以文件为单位的，以扩展名来区分文件类型。Windows 7 中常见文件扩展名如下表所示。</div>		

Windows 7 中常用文件的扩展名

扩展名	文件类型	扩展名	文件类型
txt	文件文档	doc、docx	Word 文件
jpg	图片文件	xls、xlsx	电子表格文件
mp3、wav	声音文件	ppt、pptx	演示文稿文件
mp4、mov	视频文件	dwg	CAD 文件
html	网页文件	exe	可执行文件

（2）文件夹
文件夹是 Windows 7 用来管理文件时的路径与目录，用于分类存放文件，文件夹中还可有子文件夹，采用树形结构进行组织。

2. 使用通配符搜索文件
搜索是 Windows 7 提供的查找文件的功能，一般采用文件名进行查找，还可以借助通配符进行查找。Windows 7 中的通配符为"?"和"＊"，其中"?"代表任意单个字符，"＊"代表任意长度的字符串，使用时可根据需求灵活构造，如：???? . docx 代表主文件名为三个字的 Word 文件、张＊. docx 代表以"张"开头的任意 Word 文件、＊试卷＊. docx 代表文件名中包含"试卷"的 Word 文件。

3. 文件选择
进行文件操作时，大部分操作需要进行先选择后操作，在 Windows 7 中，选择文件只需要单击该文件即可，但有时需要同时对多个文件进行选择，那应该如何快速选择所要操作的文件呢？Windows 7 中文件选择的方法如下表所示：

Windows 7 文件选择方法

选择文件情况	操作方法
单一文件	直接单击该文件
连续文件	单击第一个文件，按住"Shift"键不放，再单击最后一个文件
不连接文件	按住"Ctrl"键不放，依次单击要选择的文件
全选	单击【编辑】菜单中的【全选（A）】命令或按"Ctrl＋A"组合键
反选	单击【编辑】菜单中的【反向选择（I）】命令

知识准备	**4. 文件操作** 　　在 Windows 7 中，对文件进行新建、复制、移动、重命名、删除操作，除了新建外，都需要先选择后操作，文件操作均可以通过使用菜单、常用工具栏、快捷键、快捷菜单等方式实现。操作时读者只需使用任意一种自己习惯的方式即可，常用的文件操作如下表所示： **Windows 7 中常用文件操作**

Windows 7 中常用文件操作

常用操作 ╲ 操作方法	菜单		快捷菜单 （右键菜单） 命令	快捷键
	菜单项	命令		
新建	文件	新建（W）	新建（W）	—
删除	文件	删除（D）	删除（D）	Ctrl+D、Delete
重命名	文件	重命名（M）	重命名（M）	F2
复制	编辑	复制（C）	复制（C）	Ctrl+C
剪切	编辑	剪切（T）	剪切（T）	Ctrl+X
粘贴	编辑	粘贴（P）	粘贴（P）	Ctrl+V

工作过程	基本任务	1. 了解文件、文件夹的基本概念。 2. 掌握 Windows 7 文件操作
	拓展任务	1. 使用"文件夹选项"设置文件操作界面。 2. 设置文件属性

任务评价	评价项目	评价项目及权重	权重	学生自评 （30分）	教师评价 （70分）	小计
	职业素质及 学习能力	1. 按时完成项目	0.4			
		2. 遵守纪律				
		3. 积极主动、勤学好问				
		4. 组织协调能力（用于分组教学）				
	专业能力及 创新意识	1. 完成指定要求后有实用性拓展	0.3			
		2. 完成指定要求后有美观性拓展				
	安全及 环保 意识	1. 按要求使用计算机及实训设备	0.3			
		2. 按要求正确开、关计算机				
		3. 实训结束按要求整理实训相关设备				
		4. 爱护机房环境卫生				
	总分					
	教师总结					

项目 1.3　中英文打字

任务　输入中英文字符

一、任务要求

1. 熟悉键盘的组成和基本操作方法。
2. 了解常用键符、键名及其功能。
3. 掌握输入法的切换方法。
4. 通过打字软件练习中英文打字，熟悉键位与指法。

二、任务分析

文字录入是使用计算机的必备技能，是工作和生活中最常用到的技能，而文字录入的基础则是熟悉键盘布局，熟练掌握指法，英文打字的快慢决定着中文录入的快慢。本任务的目的是通过练习英文打字，培养正确的打字指法，为中文打字打下基础。

三、任务实施的路径与步骤

顺序	实施内容	达到效果
1	熟悉键盘的组成	了解键盘布局
2	了解常用键符、键名及其功能	了解键盘常用功能键、控制键盘的功能
3	打字姿势与指法	掌握正确的打字姿势与手指分工
4	各输入法之间的切换	掌握输入法之间的切换方法与技巧
5	中、英文打字	用金山打字通进行中、英文打字练习

四、任务实施

1. 键盘的布局

常见的键盘有 101、104 等种类。为了便于记忆，按照功能不同，把键盘为分主键盘区、功能键区、控制键区、状态指示区和数字键区共 5 个区域，如图 1-38 所示。

图 1-38

主键盘区是最常用的功能区，主要包含了三类按钮，分别是字母键、数字（符号）键和功能键。字母键是 A～Z 共 26 个字母键位，键面上都有相应的字母，每个键均可输入大、小写英文字母。数字（符号）键，共有 21 个，包括数字、运算符、标点符号及其他符号，每个键都有上下两种符号，上面一行称为上档符号，下面一行称为下档符号，如图 1-39 所示。

图 1-39

功能键共有 14 个，其中 Alt、Shift、Ctrl、Windows 键各有两个，左右对称，方便操作，功能键分布如图 1-40 所示。

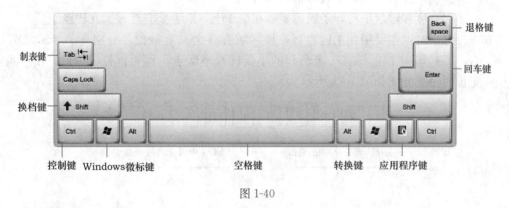

图 1-40

2. 键盘常用功能键、控制键主要功能

键盘中的功能键、控制键，主要用于协助输入和便于编辑，有些功能键本身没有输入功能，主要用于配合其他键位进行使用。常用功能键、控制键主要功能如表 1-7 所示。

常用功能键、控制键主要功能表   表 1-7

键符	键名	功能及说明
Shift（↑）	换档键、上档键	用于输入上档字符或大小写输入临时切换
Caps Lock	大写字母锁定键	用于锁定输入大写字母
Enter	回车键	输入行结束、换行、执行 DOS 命令
Backspace（←）	退格键	删除当前光标左边一字符，光标左移一位
Space	空格键	在光标当前位置输入空格
Print Screen	屏幕复制键	将当前屏幕复制到剪贴板（整屏），可以配合"Alt"键截取活动窗口至剪贴板
Ctrl 和 Alt	控制键	与其他键组合，形成组合功能键
Pause/Break	暂停键	暂停正在执行的操作
Tab	制表键	用于右移光标，每按一次向右跳 8 个字符

键符	键名	功能及说明
F1～F12	功能键	各键的具体功能由使用的软件系统决定
Esc	退出键	一般用于退出正在运行的系统，不同软件其功能有所不同
Del（Delete）	删除键	删除光标后面的字符
Ins（Insert）	插入键	插入字符、替换字符的切换
Page Up	翻页键	翻到上一页
Page Down	翻页键	翻到下一页
Home	功能键	光标移至屏首或当前行首
End	功能键	光标移至屏尾或当前行末

3. 打字姿势与字法

在进行打字时，应保持正确的打字姿势，否则容易造成疲劳，打字时要做到"直腰、弓手、立指、弹键"，要注意以下要点：

（1）头正、颈直、身体挺直、双脚平踏地面。

（2）身体正对屏幕，眼睛平视屏幕，保持 30～40cm。

（3）手肘高度和键盘平行，手腕不要靠在桌子上，双手要自然垂放在键盘上。

在进行打字时，主要用到主键盘区，该区域有 8 个基准键位，分别是 A，S，D，F，J，K，L；其中 F、J 键上都有一个凸起的小横杠或小圆点，称为盲打定位键，用于盲打定位，定位时手指分工如图 1-41 所示。

图 1-41

4. 输入法之间的切换

在进行中文打字时，通常需要在各输入法之间进行切换，常用的是中、英文输入法之间的切换、各输入法之间的切换、全角/半角之间的切换、中/英文标点符号之间的切换等。切换可以通过鼠标单击语言栏，选择相应输入法，也可以通过快捷键进行切换，常用的输入法切换快捷键如表 1-8 所示。

常用输入法切换快捷键　　　　表 1-8

切换内容	快捷键	功能
中、英文输入法切换	Ctrl＋Space（空格）	用于当前中文输入法与英文输入法之间的切换
各输入法之间轮换	Ctrl＋Shift	用于各种输入法之间轮换
全、半角状态切换	Shift＋Space	用于全角、半角输入状态之间的切换
中、英文标点切换	Ctrl＋.（句号）	用于中、英文标点符号输入点之间的切换

5. 中、英文打字练习

（1）英文打字练习

本书介绍"金山打字通 2016"打字软件，采用软件帮助读者练习打字，读者可从官网直接下载软件。

软件安装完成后，进入界面，单击"新手入门"如图 1-42 所示，进入新手入门界面，单击"字母键位"进入到键位练习，如图 1-43 所示。

图 1-42

图 1-43

作为打字新手在中文打字之前，必须要耐心的练习英文打字，打字时一定要注意正确的指法，纠正之前的错误指法，一直练习到能够盲打后，再进行中文打字练习，打字大概有如下几个层次。

1）心中有键，眼中有键，手中有键。打字时用眼睛看着键盘，用正确的指法进行打字，并注意记忆、思考，不求快，只求准。

2）心中有键，手中有键。打字时想着正确的指法，不再需要用眼睛看。

3）手中有键。已经熟悉了键盘而已，掌握了正确的指法。

4）心中无键，眼中无键，手中无键。真正实现人键合一，打字已经成为一种习惯，想打字时，手可以自然的录入想要录入的内容。

在完成了键位练习的基础上，达到"手中有键"的层次，便可以进行英文单词练习、语句练习和文章练习，完成了英文练习后，进行中方打字便可以得心应手了。

（2）中文打字练习

中文打字是以英文打字为基础，中文输入法为基本工具进行的中文字符录入。中文录入法通常分为两大类，一类是拼音输入法，另一类是五笔输入法。

拼音输入法有系统自带的全拼、智能 ABC 等，还可以自己安装搜狗、紫光、百度等中文拼音输入法，使用金山打字通软件，进入拼音打字进行练习，如图 1-44 所示。

图 1-44

五笔输入法在进行练习前，须记忆字根，掌握拆字原则与技巧，然后使用金山打字通，进入五笔打字练习。

五、任务工作页

专业			授课教师	
工作项目	中英文打字		工作任务	
理论巩固		1. 计算机键盘通常分为_____、_____、_____、状态指示区和数字键区共 5 个区域。 2. 键盘上的 Print Screen 键的功能是_____。 3. 中、英文输入法之间切换的快捷键是_____。 4. 各输入法之间轮换的快捷键是_____。 5. 打字时要做到_____的正确姿势。		

工作过程	基本任务	1. 练习英文打字，在保证正确率的前提下，达到每分钟 90 字以上。 2. 练习拼音打字，在保证正确率的前提下，达到每分钟 30 字以上
	拓展任务	了解五笔输入法，记忆字根，掌握拆字原则与技巧，达到每分钟 30 字以上

任务评价	评价项目	评价项目及权重	权重	学生自评 （30 分）	教师评价 （70 分）	小计
	职业素质及学习能力	1. 按时完成项目	0.4			
		2. 遵守纪律				
		3. 积极主动、勤学好问				
		4. 组织协调能力（用于分组教学）				
	专业能力及创新意识	1. 完成指定要求后有实用性拓展	0.3			
		2. 完成指定要求后有美观性拓展				

评价项目	评价项目及权重	权重	学生自评（30分）	教师评价（70分）	小计
安全及环保意识	1. 按要求使用计算机及实训设备 2. 按要求正确开、关计算机 3. 实训结束按要求整理实训相关设备 4. 爱护机房环境卫生	0.3			
总分					
教师总结					

左侧合并单元格：任务评价

33

情境 2 办公软件使用

本情境中用到的素材均按教学任务放入到配套的"素材与效果库中"文件夹，包括"素材"和"效果"两项，使用时按对应的任务进行使用。

项目 2.1 Word 字处理软件使用

任务 2.1.1 "画蛇添足"字符格式设置

一、任务要求

在 2 学时内完成文章字符格式设置。

二、任务分析

在用户输入新文档时，文档是以 Word 默认的格式显示的。为了满足特定格式的版面需要，使版面规范，常常需要设置文档的各种格式，例如字符格式、段落格式等。字符格式主要包括字体、字号、字形、颜色、字符边框和底纹等。段落格式主要包括段落的对齐方式、段落缩进方式、段前段后间距等。

三、任务实施的路径与步骤

顺序	实施内容	达到效果
1	对文章中的所有文字进行设置	设置对象为文章中的所有文字
2	设置文章标题	按要求对文章标题进行设置
3	设置文章体裁	按要求对文章体裁进行设置
4	设置文章中的动词、名词	按要求对文章中的动词、名词进行设置
5	设置文章中的部分文字	按要求对文章中的部分文字进行设置

四、任务实施

1. 对文章中的所有文字进行设置

将文章中所有文字设置为：仿宋，四号。

选中要设置的字体对象，使用【开始】选项卡中的【字体】功能区，鼠标左键单击【字体】功能区右下角的【⬚】按钮，如图 2-1 所示。

打开【字体】对话框，如图 2-2 所示。

按要求设置后鼠标左键单击【确定】命令。

操作提示：

Word 完成字符格式操作还可采用以下几种方法：

（1）使用【开始】选项卡【字体】功能区中的按钮进行设置。

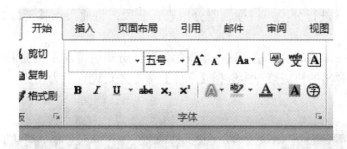

图 2-1

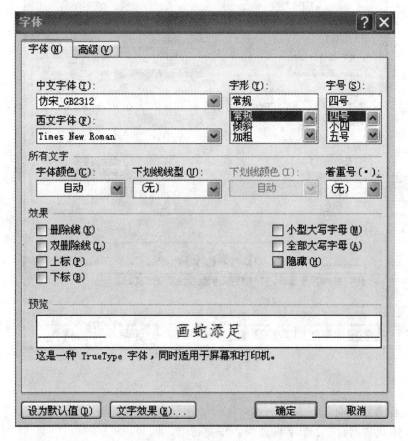

图 2-2

（2）选中要设置的字体对象，选中区域内单击鼠标右键，弹出的快捷菜单中选择【字体】命令，弹出【字体】对话框进行设置。

（3）选中要设置的字体对象，将鼠标指针放在选择区，Word 会自动弹出浮动工具栏，可以在该浮动工具栏上快速设置。

2. 设置文章标题

将文章标题"画蛇添足"四个字设置为：字体为华文新魏，字号为 1 号，加粗，深红色，加着重号，字符间距加宽 8 磅，字符缩放 66%。

（1）先对文章进行分段，将标题段分出来。分段：将插入点移至段后，按下回车键即可。

（2）通过前一步骤的设置结合这一步骤的任务，分析后得出采用选中要设置的对象单击鼠标右键，在弹出的快捷菜单中选择【字体】命令进行设置最为便捷，如图2-3、图2-4所示。

图 2-3

3. 设置作者姓名标题

将文学体裁"寓言"2个字设置为：华文行楷，四号。

（1）先对文章进行分段，将第二段分出来。

（2）通过前一步骤的设置结合这一步骤的任务，分析后得出使用【开始】选项卡【字体】功能区中的按钮进行设置最为便捷，如图2-5所示。

4. 设置文章中的动词、名词

（1）将文中的所有动词（赏、商量、喝、画、拿起、拿着、夺过）设置为：方正姚体，字号小三，字形加粗，位置提升5磅，红色。

1）选中要设置的字体对象，选中区域内单击鼠标右键，在弹出的快捷菜单中选择【字体】命令，弹出【字体】对话框进行设置，如图2-6、图2-7所示。

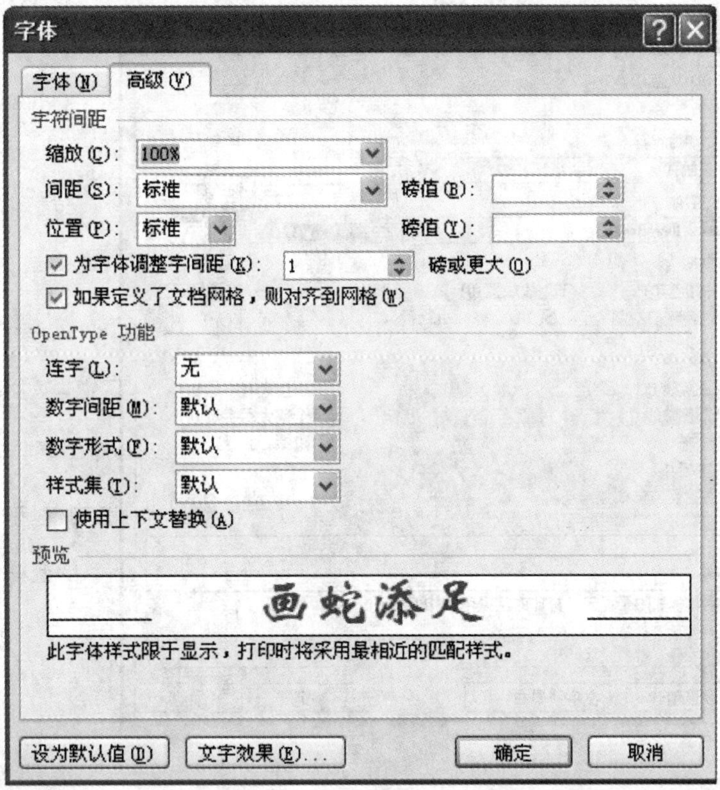

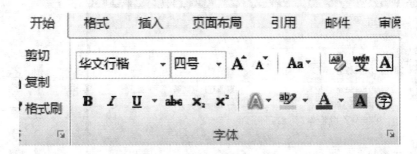

图 2-4

图 2-5

2）利用【格式刷】命令对其他的动词进行快速设置。

选中设置好的"赏"这个词，在【开始】选项卡【剪贴板】功能区中找到【 】命令，鼠标左键单击，然后在文章中找到其余的动词，选中要设置的动词即可，如图 2-8 所示。

（2）将文中的所有名词（楚国、祖宗、部下、酒、部属、酒壶、脚）设置为：幼圆，加粗，三号，方法同上。

5. 设置文章中的所有"蛇"字

将文中的所有"蛇"字设置为：黑体，三号，倾斜，双波浪下划线、绿色，方法同上。项目完成后效果如图 2-9 所示。

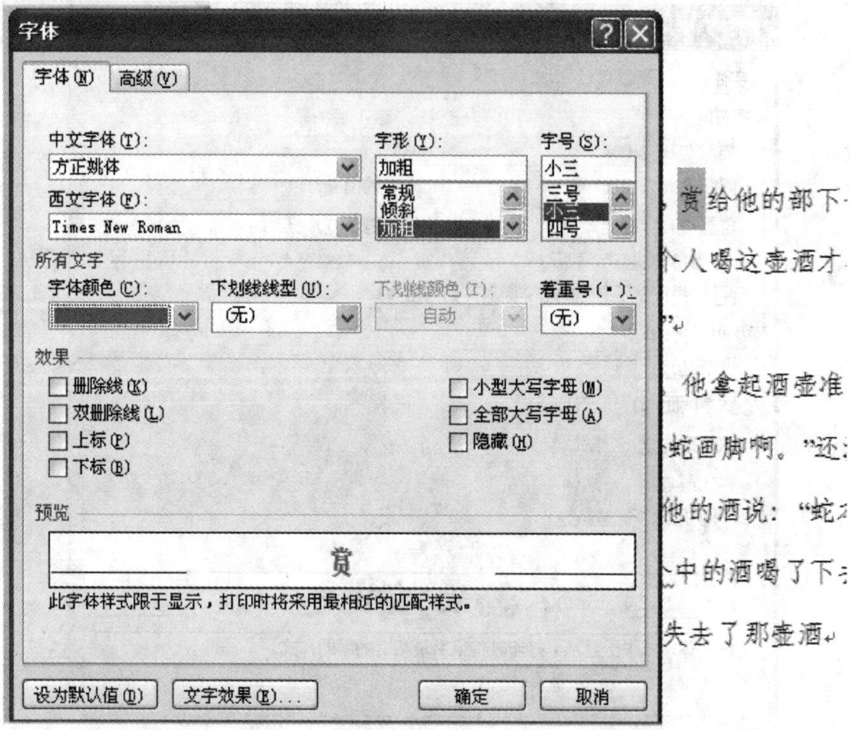

字体 ? X

字体(N) | 高级(V)

中文字体(T):
方正姚体

西文字体(F):
Times New Roman

字形(Y):
加粗
常规
倾斜
加粗倾斜

字号(S):
小三
三号
小二
四号

所有文字

字体颜色(C):

下划线线型(U):
(无)

下划线颜色(I):
自动

着重号(·):
(无)

效果

☐ 删除线(K)
☐ 双删除线(L)
☐ 上标(P)
☐ 下标(B)

☐ 小型大写字母(M)
☐ 全部大写字母(A)
☐ 隐藏(H)

预览

赏

此字体样式限于显示，打印时将采用最相近的匹配样式。

设为默认值(D) | 文字效果(E)... | 确定 | 取消

赏给他的部下

个人喝这壶酒才

他拿起酒壶准

蛇画脚啊。"还

他的酒说："蛇

中的酒喝了下

失去了那壶酒

图 2-6

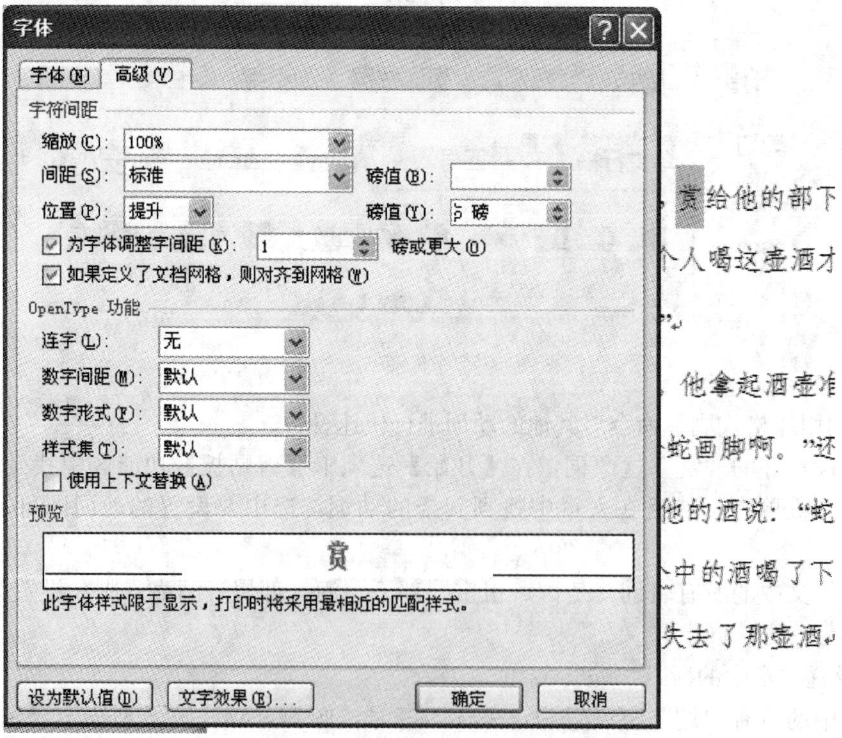

字体 ? X

字体(N) | 高级(V)

字符间距

缩放(C): 100%
间距(S): 标准　　磅值(B):
位置(P): 提升　　磅值(Y): 5 磅
☑ 为字体调整字间距(K): 1 磅或更大(O)
☑ 如果定义了文档网格，则对齐到网格(W)

OpenType 功能

连字(L): 无
数字间距(M): 默认
数字形式(F): 默认
样式集(T): 默认
☐ 使用上下文替换(A)

预览

赏

此字体样式限于显示，打印时将采用最相近的匹配样式。

设为默认值(D) | 文字效果(E)... | 确定 | 取消

赏给他的部下

个人喝这壶酒才

他拿起酒壶准

蛇画脚啊。"还

他的酒说："蛇

中的酒喝了下

失去了那壶酒

图 2-7

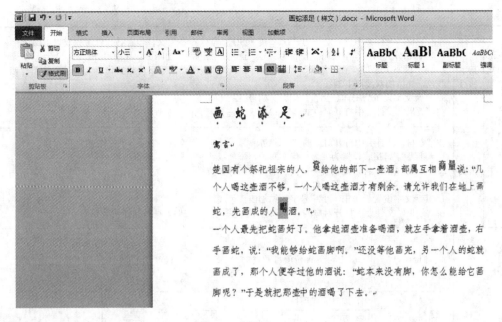

图 2-8

画蛇添足

寓言

楚国有个祭祀祖宗的人，赏给他的部下一壶酒。部属互相商量说："几个人喝这壶酒不够，一个人喝这壶酒才有剩余。请允许我们在地上画蛇，先画成的人喝酒。"

一个人最先把蛇画好了。他拿起酒壶准备喝酒，就左手拿着酒壶，右手画蛇，说："我能够给蛇画脚啊。"还没等他画完，另一个人的蛇就画成了，那个人便夺过他的酒说："蛇本来没有脚，你怎么能它画脚呢？"于是就把那壶中的酒喝了下去。

那个给蛇画脚的人最终失去了那壶酒。

图 2-9

五、任务工作页

专业		授课教师	
工作项目	Word 字处理软件使用	工作任务	字符格式设置
知识准备	1. 设置字体、字号可以使排版的内容更加美观。在进行文字处理时，需要多种字体支持，如：宋体、隶书等。Windows 系统默认将字体库集中放在 "C：\ Windows \ Fonts" 文件夹中，便于管理及调用。如果在排版时发现计算机中没有需要的字体，可以通过安装新字体来满足排版的需要。 2. 字符的间距默认是标准的，为了排版效果的需要，把字符的间距紧缩，可以排出字符紧挨在一起的特殊效果，也可以把字符间距加宽，排出特定环境下需要的效果。 3. 字符的上下位置默认是标准的，可以把位置提升或降低，使字符的位置向上或向下偏离		

工作过程	基本项目	在"素材"文件夹中打开对应的"1-1-2专家讲座消息.docx"文件,在该文件中完成以下操作。 1. 将标题分为两行,字符格式设置为二号、蓝色、黑体,添加阴影,居中对齐。 2. 将"讲座主题"、"主讲专家"、"讲座时间"、"讲座地点"等字符格式设置为楷体、加粗、四号、红色,并添加双波浪下划线。 3. 其余文字设置为楷体、加粗、倾斜、四号。 在"效果"文件夹中打开对应的"1-1-2专家讲座消息.jpg"文件,查看制作的效果图
	拓展项目	在"素材"文件夹中打开对应的"1-1-3水调歌头.docx"文件,在该文件中完成以下操作。 1. 将标题字符格式设置为二号、华文彩云,添加双波浪下划线,居中对齐。 2. 将"苏轼"字符格式设置为宋体、加粗、四号、倾斜。 3. 将文中的"人"字设置为红色。 4. 其余文字设置为仿宋、小三号字,添加浅蓝色底纹。 在"效果"文件夹中打开对应的"1-1-3水调歌头.jpg"文件,查看制作的效果图

项目评价	评价项目	评价项目及权重	权重	学生自评 (30分)	教师评价 (70分)	小计
	职业素质及学习能力	1. 按时完成项目	0.4			
		2. 遵守纪律				
		3. 积极主动、勤学好问				
		4. 组织协调能力(用于分组教学)				
	专业能力及创新意识	1. 完成指定要求后有实用性拓展	0.3			
		2. 完成指定要求后有美观性拓展				
	安全及环保意识	1. 按要求使用计算机及实训设备	0.3			
		2. 按要求正确开、关计算机				
		3. 实训结束按要求整理实训相关设备				
		4. 爱护机房环境卫生				
	总分					
	教师总结					

任务 2.1.2 "腊八节的传说"段落格式设置

一、任务要求

在 2 学时内完成段落格式、项目符号设置。

二、任务分析

段落是由字符、图形和其他对象构成。每个段落的最后都有一个"↵"(即回车符)标记,称为段落标记,它表示一个段落的结束。段落格式设置是指设置整个段落的外观,包括段落缩进、段落对齐、段落间距、行间距、首字下沉、分栏、项目符号、边框和底纹等设置。有针对性地设置段落格式不仅可以使文档版面美观,还能增加文章的可读性。

三、任务实施的路径与步骤

顺序	实施内容	达到效果
1	对文章标题、作者姓名进行设置	文章标题、作者姓名按要求进行设置
2	对文章中的所有段落进行设置	文章中的所有段落按要求进行设置
3	对文章中的正文第一段段落进行设置	按要求对文章中的正文第一段段落进行设置
4	对文章中的正文第二段段落进行设置	按要求对文章中的正文第二段段落进行设置
5	对文章中的正文第三段段落进行设置	按要求对文章中的正文第三段段落进行设置
6	项目符号设置	按要求对文章中的作者姓名进行项目符号设置

四、任务实施

1. 对文章标题进行设置

将文章标题设置为居中，华文新魏，二号；将文章来源设置为居中，楷体，五号。

选中要设置的字体对象，使用字符格式化的方法完成字体的设置。居中操作采用【开始】选项卡【段落】功能区中的【≡】按钮完成设置。完成后的效果图如图 2-10 所示。

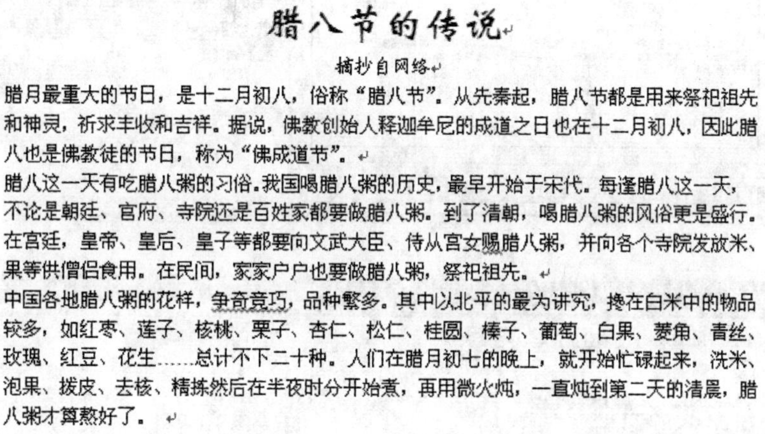
腊八节的传说
摘抄自网络
腊月最重大的节日，是十二月初八，俗称“腊八节”。从先秦起，腊八节都是用来祭祀祖先和神灵，祈求丰收和吉祥。据说，佛教创始人释迦牟尼的成道之日也在十二月初八，因此腊八也是佛教徒的节日，称为“佛成道节”。
腊八这一天有吃腊八粥的习俗。我国喝腊八粥的历史，最早开始于宋代。每逢腊八这一天，不论是朝廷、官府、寺院还是百姓家都要做腊八粥。到了清朝，喝腊八粥的风俗更是盛行。在宫廷，皇帝、皇后、皇子等都要向文武大臣、侍从宫女赐腊八粥，并向各个寺院发放米、果等供僧侣食用。在民间，家家户户也要做腊八粥，祭祀祖先。
中国各地腊八粥的花样，争奇竞巧，品种繁多。其中以北平的最为讲究，搀在白米中的物品较多，如红枣、莲子、核桃、栗子、杏仁、松仁、桂圆、榛子、葡萄、白果、菱角、青丝、玫瑰、红豆、花生……总计不下二十种。人们在腊月初七的晚上，就开始忙碌起来，洗米、泡果、拨皮、去核、精拣然后在半夜时分开始煮，再用微火炖，一直炖到第二天的清晨，腊八粥才算熬好了。

图 2-10

2. 对文章中的所有段落进行设置

所有正文段落的段前距为 0.25 行。

选中要设置的段落对象，鼠标左键单击【段落】功能区右下角的【 】按钮，打开【段落】对话框，如图 2-11 所示。

按要求设置后鼠标左键单击【确定】命令。

操作提示：

Word 完成段落格式操作还可采用以下几种方法：

（1）使用【开始】选项卡【段落】功能区中的按钮进行设置。

（2）选中要设置的段落对象，选中区域内单击鼠标右键，在弹出的快捷菜单中选择【段落】命令，弹出【段落】对话框进行设置。

3. 对文章中的正文第一段段落进行设置

正文第一段设置为左对齐，首行缩进 2 字符，行距为最小值 0 磅。

选中要设置的对象单击鼠标右键，在弹出的快捷菜单中选择【段落】命令进行设置或者鼠标左键单击【段落】功能区右下角的【 】按钮，打开【段落】对话框进行设置，如

图 2-12 所示。

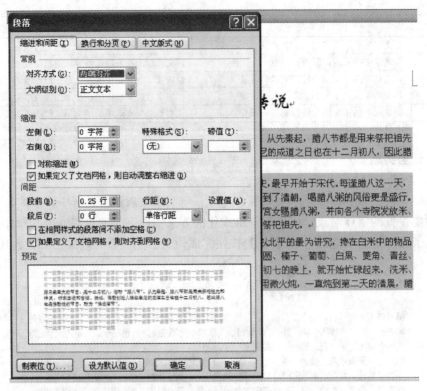

图 2-11

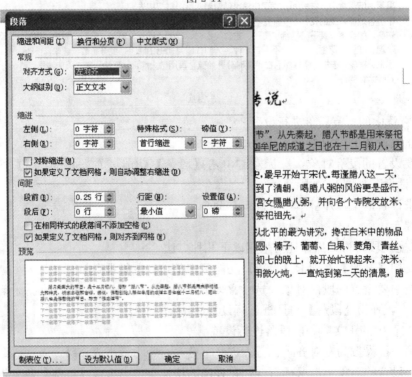

图 2-12

4. 对文章中的正文第二段段落进行设置

（1）正文第二段设置为左右缩进 2 字符，两端对齐，首行缩进 2 字符。

选中要设置的对象单击鼠标右键，在弹出的快捷菜单中选择【段落】命令进行设置或者鼠标左键单击【段落】功能区右下角的【 】按钮，打开【段落】对话框进行设置，如图 2-13 所示。

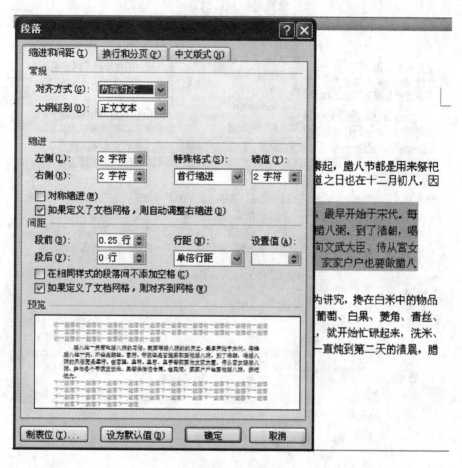

图 2-13

（2）字符间距紧缩 0.3 磅。

选中要设置的字体对象，使用字符格式化的方法完成字符间距紧缩的设置。

（3）段落底纹填充红色，强调文字颜色 2，深色 25％。

使用【开始】选项卡【段落】功能区中的按钮进行设置，如图 2-14 所示。

5. 项目符号设置

文章来源设置项目符号。

使用【开始】选项卡【段落】功能区中的按钮进行设置，如图 2-15 所示。

项目完成后的效果如图 2-16 所示。

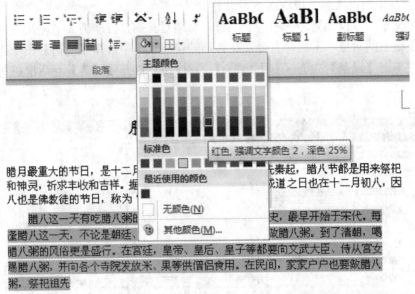

图 2-14

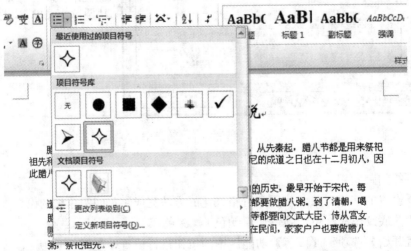

图 2-15

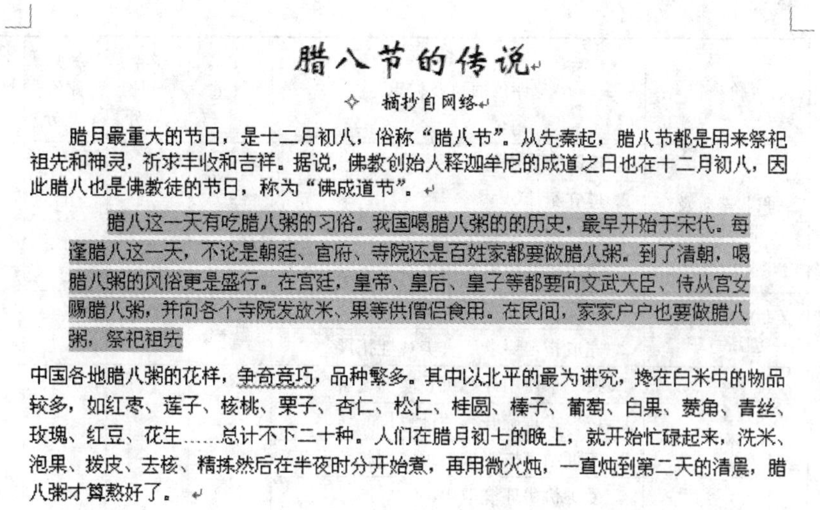

腊八节的传说

❖ 摘抄自网络

腊月最重大的节日，是十二月初八，俗称"腊八节"。从先秦起，腊八节都是用来祭祀祖先和神灵，祈求丰收和吉祥。据说，佛教创始人释迦牟尼的成道之日也在十二月初八，因此腊八也是佛教徒的节日，称为"佛成道节"。

腊八这一天有吃腊八粥的习俗。我国喝腊八粥的的历史，最早开始于宋代。每逢腊八这一天，不论是朝廷、官府、寺院还是百姓家都要做腊八粥。到了清朝，喝腊八粥的风俗更是盛行。在宫廷，皇帝、皇后、皇子等都要向文武大臣、侍从宫女赐腊八粥，并向各个寺院发放米、果等供僧侣食用。在民间，家家户户也要做腊八粥，祭祀祖先。

中国各地腊八粥的花样，争奇竞巧，品种繁多。其中以北平的最为讲究，搀在白米中的物品较多，如红枣、莲子、核桃、栗子、杏仁、松仁、桂圆、榛子、葡萄、白果、菱角、青丝、玫瑰、红豆、花生……总计不下二十种。人们在腊月初七的晚上，就开始忙碌起来，洗米、泡果、拨皮、去核、精拣然后在半夜时分开始煮，再用微火炖，一直炖到第二天的清晨，腊八粥才算熬好了。

图 2-16

五、任务工作页

专业		授课教师	
工作项目	Word 字处理软件使用	工作任务	段落格式设置
知识准备	1. 段落的对齐方式包括左对齐、两端对齐、右对齐、居中等。 2. 为文字段落添加了项目编号后，该段编辑完成，回车后，新的一行会自动添加项目连续编号；自定义项目编号时，可以编辑起始的编号。可以把起始编号设为 1，也可以设为 3，也可设为 0，但不可设为负数。 3. 分栏设置需借助分隔符进行设置		
工作过程	基本项目	在"素材"文件夹中打开对应的"1-2-2 建筑工地安全管理制度 .docx"文件，在该文件中完成以下操作： 1. 将标题的格式设置为宋体、三号、居中、加粗； 2. 余下段落中文字格式为宋体、五号、1.5 倍行距； 3. 将正文所有段落设置首行缩进两个字符； 4. 将"施工安全控制"、"安全检查"、"安全措施"设置为宋体、四号、加粗；并添加项目符号。 在"效果"文件夹中打开对应的"1-2-2 建筑工地安全管理制度 .jpg"文件，查看制作的效果图	
	拓展项目	在"素材"文件夹中打开对应的"1-2-3 迎新舞会通知 .docx"文件，在该文件中完成以下操作： 1. 将第一段文字的格式设置为华文行楷、字号小三、居中、字符间距加宽 3 磅、行距 20 磅、段前段后各 30 磅； 2. 余下段落中文字体为楷体，英文字体为 Times New Roman、字号小四、1.5 倍行距； 3. 在第二段首行缩进 2 个字符； 4. 将"2016＊＊＊＊学校迎新舞会"设置为华文行楷，加红色双下划线； 5. 舞会时间地点所在的段落字形为粗斜体； 6. 最后两个段落设置为右对齐； 7. 在标题两端插入符号"★"； 8. 全文左右缩进 0.5 字符。 在"素材"文件夹中打开对应的"1-2-3 迎新舞会通知 .jpg"文件，查看制作的效果图	

评价项目	评价项目及权重	权重	学生自评（30分）	教师评价（70分）	小计
项目评价	职业素质及学习能力	1. 按时完成项目 2. 遵守纪律 3. 积极主动、勤学好问 4. 组织协调能力（用于分组教学）	0.4			
	专业能力及创新意识	1. 完成指定要求后有实用性拓展 2. 完成指定要求后有美观性拓展	0.3			
	安全及环保意识	1. 按要求使用计算机及实训设备 2. 按要求正确开、关计算机 3. 实训结束按要求整理实训相关设备 4. 爱护机房环境卫生	0.3			
	总分					
	教师总结					

任务 2.1.3　课程表的制作

一、任务要求

在 2 学时内完成表格插入、编辑操作；表格边框底纹设置；斜线表头绘制。

二、任务分析

表格在日常学习生活中很常见，表格能简洁、清晰地表达各数据及相关内容之间的关系，因此在实际学习工作中经常用到各种各样的表格。随着计算机的普及，越来越多的文档制作离不开计算机，其中必然要用到表格，Word 具有强大的表格功能，可以制作出满足各种要求的复杂表格，并且还能对表格里的数据进行简单的计算和排序。

三、任务实施的路径与步骤

顺序	实施内容	达到效果
1	插入一个表格	会在 Word 中插入表格
2	表格编辑操作	按要求表格进行设置
3	表格边框底纹设置	按要求设置表格的边框和底纹
4	绘制斜线表头	学会斜线表头的绘制

四、任务实施

1. 插入一个表格

插入一个 7 列 8 行的表格

确定插入表格的位置，选择【插入】选项卡【表格】功能区下拉列表中的【插入表格】命令，弹出【插入表格】对话框进行设置，如图2-17所示。

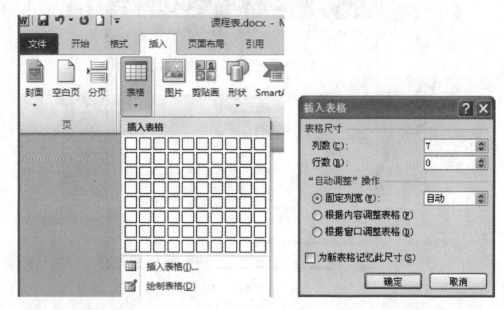

图2-17

操作提示：

Word的表格制作还可采用以下几种方法：

（1）找到【插入】选项卡【表格】功能区中的表格按钮，通过拖动鼠标选中合适的行数和列数，释放鼠标即完成表格的插入。

（2）选择【插入】选项卡【表格】功能区中的【绘制表格】命令，通过拖动鼠标绘制出合适的行数和列数即完成表格的制作。

2. 表格的基本编辑操作

（1）设置表格的行高为30磅，列宽为60磅。

选择整张表格，选中区域内单击鼠标右键，在弹出的快捷菜单中选择【表格属性】命令，弹出【表格属性】对话框，选择【列】选项卡和【行】选项卡进行设置，设置好后鼠标左键单击【确定】按钮即可，如图2-18、图2-19所示。

操作提示：

Word中表格属性设置还可采用以下方法：

① 找到【表格工具】下的【布局】选项卡【表】功能区中的【属性】按钮，打开【表格属性】对话框，选择【列】选项卡和【行】选项卡进行设置。

② 当度量单位不是"磅"值时，需要进行单位的修改。修改方法为：找到【文件】选项卡【选项】命令，打开【选项】对话框，选择【高级】命令，找到【显示】区域中的"度量单位"，选择想要的度量单位即可。

（2）将表格中的部分单元格进行合并。

1）将表格中第六行的所有单元格进行合并。

选中表格中第六行的所有单元格，找到【表格工具】下的【布局】选项卡【合并】功能区中的【单元格合并】按钮，进行单元格合并，如图2-20所示。

图 2-18

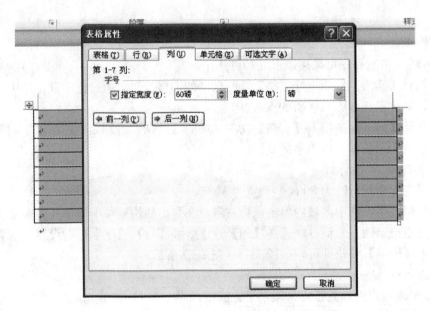

图 2-19

2）将表格中第一行的第一、二单元格合并为一个单元格，方法同上。

3）将表格中第一列的第二、三、四、五单元格合并为一个单元格，方法同上。

4）将表格中第一列的第七、八单元格合并为一个单元格，方法同上。

操作提示：

Word 完成表格中单元格的合并还可采用的方法为：选中表格中要合并的单元格，在选择区域内单击鼠标右键，在弹出的快捷菜单中选择【合并单元格】命令即可。

（3）在表格中录入课程表中的文本信息，如图 2-21 所示。

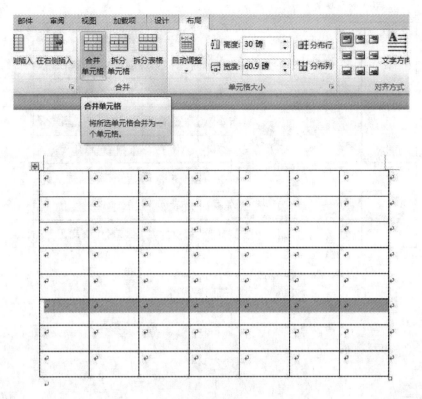

图 2-20

↵	一↵	二↵	三↵	四↵	五↵	↵
上午↵	第一节↵	数学↵	英语↵	语文↵	建筑制图↵	建筑材料↵	↵
	第二节↵	数学↵	英语↵	语文↵	建筑制图↵	建筑材料↵	↵
	第三节↵	建筑材料↵	力学结构↵	体育↵	数学↵	语文↵	↵
	第四节↵	建筑材料↵	力学结构↵	体育↵	数学↵	语文↵	↵
午　　休↵						
下午↵	第五节↵	力学结构↵	语文↵	数学↵	建筑材料↵	↵	
	第六节↵	力学结构↵	语文↵	数学↵	建筑材料↵	↵	

图 2-21

（4）设置表格中的文本对齐方式为居中对齐。

选中表格中要设置对齐方式的单元格，在选择区域内单击鼠标右键，在弹出的快捷菜单中选择【单元格对齐方式】，在弹出的菜单中选择【▤】按钮即可，如图 2-22所示。

图 2-22

操作提示:

Word 设置表格文本对齐方式还可采用以下方法:

① 选中表格中要设置对齐方式的单元格,找到【表格工具】下的【布局】选项卡【表】功能区中的【属性】按钮,打开【表格属性】对话框,选择【单元格】选项卡,选择对齐方式(此种方法只能设置单元格的垂直对齐方式)。

② 选中表格中要设置对齐方式的单元格,找到【表格工具】下的【对齐方式】选项卡中的按钮进行设置。

(5)表格边框底纹设置。

设置表格第六行底纹为白色,背景 1,深色 35%。

选中表格中要设置底纹的单元格,找到【表格工具】下的【设计】选项卡【表格样式】功能区中的【底纹】按钮,打开下拉列表,选择底纹颜色为白色,背景 1,深色 35%,如图 2-23 所示。

操作提示:

Word 设置表格边框底纹还可采用的方法为:选中表格中要设置底纹的单元格,在选择区域内单击鼠标右键,在弹出的快捷菜单中选择【边框和底纹】命令,弹出【边框和底纹】对话框,选择【底纹】选项卡,【填充】下拉列表,选择颜色,单击【确定】按钮即可。

(6)绘制斜线表头。

先将插入点移至第一个单元格中,找到【表格工具】下的【设计】选项卡【表格样式】功能区中的【边框】按钮,打开下拉列表,选择斜下框线,如图 2-24 所示。

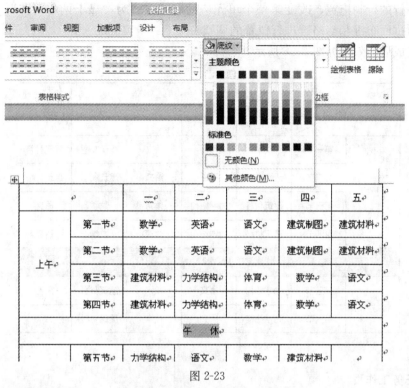

图 2-23

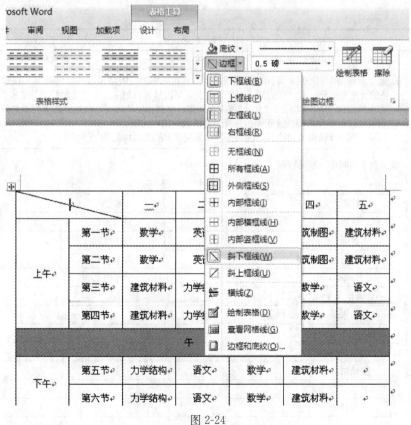

图 2-24

将第一行的行高拖宽，改变第一个单元格的对齐方式为"靠上两端对齐"，录入文本信息（可通过回车键和空格键进行位置的调整）。

项目完成后的效果如图 2-25 所示。

节次＼星期		一	二	三	四	五
上午	第一节	数学	英语	语文	建筑制图	建筑材料
	第二节	数学	英语	语文	建筑制图	建筑材料
	第三节	建筑材料	力学结构	体育	数学	语文
	第四节	建筑材料	力学结构	体育	数学	语文
午　休						
下午	第五节	力学结构	语文	数学	建筑材料	
	第六节	力学结构	语文	数学	建筑材料	

图 2-25

五、任务工作页

专业			授课教师	
工作项目		Word 字处理软件使用	工作任务	表格制作
知识准备				

<table>
<tr><td>专业</td><td colspan="2"></td><td>授课教师</td><td></td></tr>
<tr><td>工作项目</td><td colspan="2">Word 字处理软件使用</td><td>工作任务</td><td>表格制作</td></tr>
<tr><td>知识准备</td><td colspan="4">1. 制作表格是文字处理中常用的排版需求，要真正熟练进行表格排版，必须掌握一些技巧，包括单元格的合并和拆分，行、列的插入和删除，单元格的插入与删除，表格边框线条的更换等。
2. 在表格编辑中，"平均分布"可以使指定的多行得到相同的高度，使指定的多列得到相同的宽度。
3. 表格底纹的添加需要注意正确的选择要添加底纹的单元格。
4. 可使用 Word 提供的"绘制斜线表头"命令完成斜线表头的制作</td></tr>
<tr><td rowspan="2">工作过程</td><td rowspan="2">基本项目</td><td colspan="3">按照效果图制作一张简历表

个 人 简 历</td></tr>
</table>

按照效果图制作一张简历表

个 人 简 历

姓名		性别		民族	
籍贯		出生年月		政治面貌	
身高		学历		身体状况	
联系地址			邮政编码		
E-mail			联系电话		
计算机水平					
英语水平					
毕业院校（专业）					
主干课程及成绩					
奖励情况					
参加社会实践情况					
自我评价					

工作过程	拓展项目	按照效果图制作一张公司员工档案表

＊＊＊＊建筑公司员工档案表

所属部门：技术部　　　　　　　　　　员工编号：A000123

姓名	李晓燕	性别	女	民族	汉族
出生日期	1986.12.12		入职日期	2010.9.1	
学历	中专	电话	13522445671		
住址	＊＊省＊＊市双园路 123 号				
工作经历	2004.1.1~2006.8.31　＊＊＊＊建筑公司技术部 2006.8.31~2010.8.31　＊＊＊＊建筑公司造价部 2010.9.1 至今　＊＊＊＊建筑公司技术部				
特长	绘画 篮球 舞蹈				

项目评价	评价项目	评价项目及权重	权重	学生自评（30 分）	教师评价（70 分）	小计
	职业素质及学习能力	1. 按时完成项目	0.4			
		2. 遵守纪律				
		3. 积极主动、勤学好问				
		4. 组织协调能力（用于分组教学）				
	专业能力及创新意识	1. 完成指定要求后有实用性拓展	0.3			
		2. 完成指定要求后有美观性拓展				
	安全及环保意识	1. 按要求使用计算机及实训设备	0.3			
		2. 按要求正确开、关计算机				
		3. 实训结束按要求整理实训相关设备				
		4. 爱护机房环境卫生				
	总分					
	教师总结					

任务 2.1.4　学生成绩表的制作

一、任务要求

在 2 学时内完成表格中使用公式，表格与文本的互换。

二、任务分析

Word 为制作表格提供了许多方便灵活的工具和手段，可以制作出满足各种要求的复杂的表格，并且还能对表格中的数据进行简单计算和排序，还提供了文本和表格互换的功能。

三、任务实施的路径与步骤

顺序	实施内容	达到效果
1	文本转换为表格	会将文本转换成表格
2	设置表格，绘制斜线表头	按要求对表格进行设置
3	表格内数据的处理	学会表格内公式的使用
4	表格排序	学会表格内的排序

四、任务实施

1. 文本转换为表格

将"语文 数学 英语 总分 平均分 乙 96 67 90 甲 86 86 95 丙 76 98 75 总分 平均分"文本信息转换为表格。

,语文,数学,英语,总分,平均分

乙,96,67,90,,

甲,86,86,95,,

丙,76,98,75,,

总分,,,,

平均分,,,,|

图 2-26

（1）在 Word 中输入内容：语文 数学 英语 总分 平均分 乙 96 67 90 甲 86 86 95 丙 76 98 75 总分 平均分。

（2）将要转换为表格的文本采用","符号进行分隔，完成效果如图 2-26 所示。

（3）选中录入并分隔好的文本，选择【插入】选项卡【表格】功能区下拉列表中的【文本转换成表格】命令，打开【将文字转换成表格】对话框，选择列数，选择文字分隔位置，系统会自动识别行数，设置完成选择【确定】按钮。如图 2-27、图 2-28 所示。注意：要根据文字录入的分隔符选择文字分隔位置，在此选择逗号，逗号需使用英文形式。

设置完成后的效果如图 2-29 所示。

2. 设置表格，绘制斜线表头

（1）设置表格

1）设置表格行高 1 厘米；第 1 行行高 2 厘米，第 1 列宽 3 厘米。

2）表格内文字垂直、水平居中。

3）合并第 5、6 行，第 5、6 列。

（2）绘制斜线表头

1）设置第一个单元格对齐方式为靠上两端对齐。

2）录入文本信息（可通过回车键和空格键进行位置的调整）。

项目完成后的效果如图 2-30 所示。

3. 表格内数据的处理

（1）用公式计算出每位同学的总分、平均分。

先将插入点移至需要填充计算结果的单元格中。

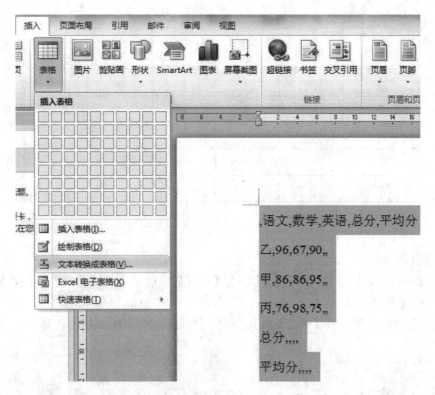

图 2-27

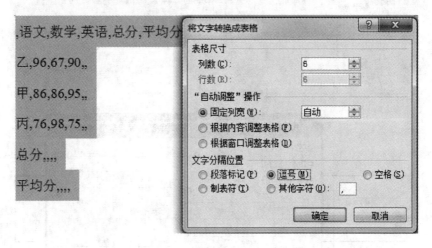

图 2-28

↵	语文↵	数学↵	英语↵	总分↵	平均分↵
乙↵	96↵	67↵	90↵	↵	↵
甲↵	86↵	86↵	95↵	↵	↵
丙↵	76↵	98↵	75↵	↵	↵
总分↵	↵	↵	↵	↵	↵
平均分↵	↵	↵	↵	↵	↵

图 2-29

姓名＼科目	语文	数学	英语	总分	平均分
乙	96	67	90		
甲	86	86	95		
丙	76	98	75		
总分					
平均分					

图 2-30

1）计算总分方法

点击【表格工具】下的【布局】选项卡【数据】功能区中的【公式】按钮，如图 2-31 所示，打开【公式】对话框，如图 2-32 所示，在"公式"输入框中输入"＝SUM（LEFT）"后鼠标左键单击【确定】按钮即可，依次完成下方单元格的计算。

图 2-31

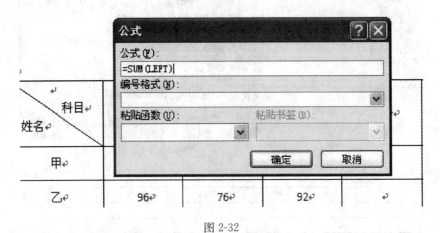

图 2-32

2）计算平均分方法

点击【表格工具】下的【布局】选项卡【数据】功能区中的【公式】按钮，在"公式"输入框中输入"＝AVERAGE（b2，c2，d2）"后鼠标左键单击【确定】按钮即可

56

（注意参数的填写），如图 2-33 所示。

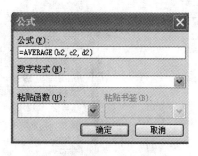

图 2-33

（2）用公式计算出每个科目的总分、平均分。

1）计算总分方法：方法同上（注意参数的选择）。

2）计算平均分方法：方法同上（注意参数的选择）。

4. 表格排序

按语文成绩降序重排表格第 2、3、4 行。

选中表格第 2、3、4 行，点击【表格工具】下的【布局】选项卡【数据】功能区中的【排序】按钮，如图 2-34 所示，打开【排序】对话框，如图 2-35 所示，在对话框中的【主要关键字】下拉列表中，选择"列 2"，在【类型】下拉列表中，选择"数字"，选择"降序"，还可以单击【选项】按钮打开【排序选项】对话框，如图 2-36 所示进行排序设置。输入后鼠标左键单击【确定】按钮即可。

图 2-34

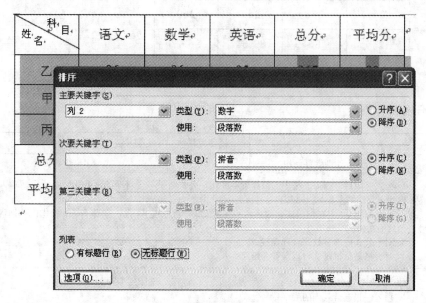

图 2-35

项目完成后的效果如图 2-37 所示。

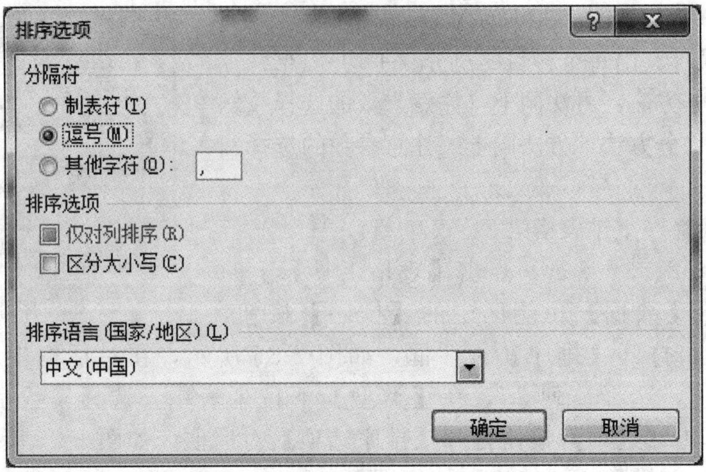

图 2-36

科目\姓名	语文	数学	英语	总分	平均分	
乙	96	67	90	253	84.33	
甲	86	86	95	267	89	
丙	76	98	75	249	83	
总分	258	251	260			
平均分	86	83.67	86.67			

图 2-37

五、任务工作页

专业		授课教师	
工作项目	Word 字处理软件使用	工作任务	表格中数据处理
知识准备		1. 公式应用后，如果表格中的数据发生变化，公式结果不会自动随之变化，必须重新输入公式才能得到正确的结果。 2. Word 提供了丰富的公式，如遇到一些新公式，可以按 F1 键，查看 Office 提供的帮助说明，了解公式的功能。 3. 对于公式内的参数要合理设置。 4. 对表格进行排序要合理设置关键字	
工作过程	基本项目	如"效果"文件夹中的"1-4-2 成绩表.jpg"文件所示，制作一张成绩表，要求： 1. 插入一张五行六列的表格； 2. 设置表格第 1 行高为 1 厘米，第 1 列宽为 1.5 厘米； 3. 表格内文字垂直、水平居中； 4. 计算每人的总分、平均分，完成后以文件名为"成绩表.docx"保存，并填写计算结果	
	拓展项目	制作一张包土方统计表，按"效果"对应的"1-4-3 包土方统计表"制作表格，并计算出多余土方以及合计栏，最后按"多余土方"降序重排表格	

项目评价	评价项目	评价项目及权重	权重	学生自评 (30分)	教师评价 (70分)	小计
	职业素质及 学习能力	1. 按时完成项目	0.4			
		2. 遵守纪律				
		3. 积极主动、勤学好问				
		4. 组织协调能力（用于分组教学）				
	专业能力及 创新意识	1. 完成指定要求后有实用性拓展	0.3			
		2. 完成指定要求后有美观性拓展				
	安全及 环保 意识	1. 按要求使用计算机及实训设备	0.3			
		2. 按要求正确开、关计算机				
		3. 实训结束按要求整理实训相关设备				
		4. 爱护机房环境卫生				
	总分					
	教师总结					

任务 2.1.5 "腊八节的传说" 页面设置打印输出

一、任务要求

在 2 学时内完成页面设置、打印设置。

二、任务分析

日常生活中精美的海报、招贴画、广告单等让人赏心悦目，产生这样的效果，版式设计发挥了很大的作用。在 Word 中，除了可以设置字符和段落格式外，还可以对文档的页面进行设置，使得文档整体效果更好，这些设置包括页面格式设置，插入页码、页眉页脚等。设置好页面后，一篇文档已经基本成形，可以进行打印，在打印前还可以进行打印预览，查看打印效果，最后还要设置好打印参数。

三、任务实施的路径与步骤

顺序	实施内容	达到效果
1	设置分栏	按要求进行段落或文章分栏
2	设置纸张大小、页面边距	会设置纸张大小、页面边距
3	设置段落边框、页面边框	按要求设置段落边框、艺术型页面边框
4	在预览界面进行相应的操作	会使用打印预览
5	进行打印设置	学会打印设置

四、任务实施

1. 设置分栏效果

打开"素材"中 1-5-1 腊八节的传说 .docx，设置文章第三段为分栏效果，要求设置为两栏，栏宽相等，有分隔线。

（1）将插入点置于第三段开始位置，选择【页面布局】选项卡【页面设置】功能区【分栏】命令，如图 2-38 所示，下拉列表中选择【更多分栏】命令，打开【分栏】对话框，选择栏数，选择分隔线，选择栏宽相等，应用于"插入点之后"，选择【确定】按钮，如图 2-39 所示。注意应用范围的选择。

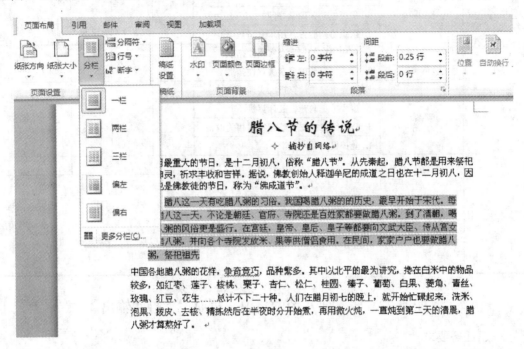

图 2-38

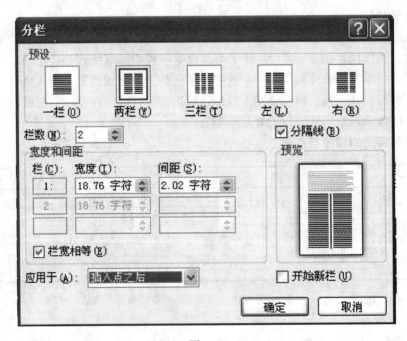

图 2-39

设置完后的效果如图 2-40 所示。

腊 八 节 的 传 说
◇ 摘抄自网络

　　腊月最重大的节日，是十二月初八，俗称"腊八节"。从先秦起，腊八节都是用来祭祀祖先和神灵，祈求丰收和吉祥。据说，佛教创始人释迦牟尼的成道之日也在十二月初八，因此腊八也是佛教徒的节日，称为"佛成道节"。

　　腊八这一天有吃腊八粥的习俗。我国喝腊八粥的的历史，最早开始于宋代。每逢腊八这一天，不论是朝廷、官府、寺院还是百姓家都要做腊八粥。到了清朝，喝腊八粥的风俗更是盛行，在宫廷，皇帝、皇后、皇子等都要向文武大臣、传从宫女赐腊八粥，并向各个寺院发放米、果等供僧侣食用。在民间，家家户户也要做腊八粥，祭祀祖先。

中国各地腊八粥的花样，争奇竞巧，品种繁多。其中以北平的最为讲究，搀在白米中的物品较多，如红枣、莲子、核桃、栗子、杏仁、松仁、桂圆、榛子、葡萄、白果、菱角、青丝、玫瑰、红豆、花生……总计不下二十种。人们在腊月初七的晚上，就开始忙碌起来，洗米、泡果、拨皮、去核、精拣然后在半夜时分开始煮，再用微火炖，一直炖到第二天的清晨，腊八粥才算熬好了。

图 2-40

　　（2）将鼠标移至"花生…"后，选择【页面布局】选项卡【页面设置】功能区【分隔符】命令，下拉列表中选择【分栏符】，如图 2-41 所示。

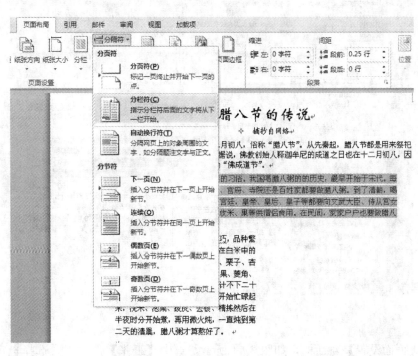

图 2-41

设置完后的效果如图 2-42 所示。

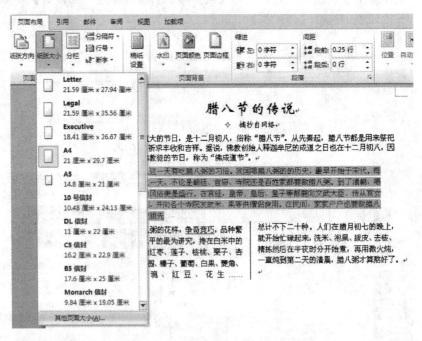

腊八节的传说

❖ 摘抄自网络

腊月最重大的节日，是十二月初八，俗称"腊八节"。从先秦起，腊八节都是用来祭祀祖先和神灵，祈求丰收和吉祥。据说，佛教创始人释迦牟尼的成道之日也在十二月初八，因此腊八也是佛教徒的节日，称为"佛成道节"。

腊八这一天有吃腊八粥的习俗。我国喝腊八粥的的历史，最早开始于宋代。每逢腊八这一天，不论是朝廷、官府、寺院还是百姓家都要做腊八粥。到了清朝，喝腊八粥的风俗更是盛行。在宫廷、皇帝、皇后、皇子等都要向文武大臣、侍从宫女赐腊八粥，并向各个寺院发放米、果等供僧侣食用。在民间，家家户户也要做腊八粥，祭祀祖先

中国各地腊八粥的花样，争奇竞巧，品种繁多。其中以北平的最为讲究，搀在白米中的物品较多，如红枣、莲子、核桃、栗子、杏仁、松仁、桂圆、榛子、葡萄、白果、菱角、青丝、玫瑰、红豆、花生……

总计不下二十种。人们在腊月初七的晚上，就开始忙碌起来，洗米、泡果、拨皮、去核、精拣然后在半夜时分开始煮，再用微火炖，一直炖到第二天的清晨，腊八粥才算熬好了。

图 2-42

2. 设置纸张大小、页面边距

（1）设置纸张大小为自定义大小，宽度为 20 厘米，高度为 15 厘米。

选择【页面布局】选项卡【页面设置】功能区【纸张大小】命令，下拉列表中选择【其他页面大小】，如图 2-43 所示。

图 2-43

打开【页面设置】对话框，如图 2-44 所示，选中【纸张】选项卡，选择自定义大小，宽度为 20 厘米，高度为 15 厘米，应用于"整篇文档"，鼠标左键单击【确定】按钮即可。

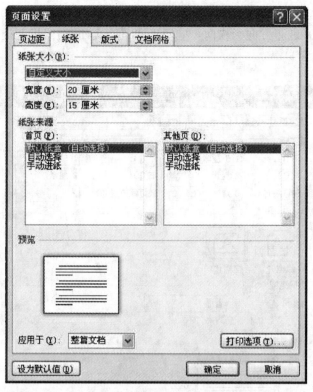

图 2-44

（2）设置上下页边距为 1.5 厘米，左右页边距为 2 厘米。纸张方向为横向。设置页眉页脚距边界均为 1 厘米。

1）选择【页面布局】选项卡【页面设置】功能区【页边距】命令，下拉列表中选择【自定义页边距】，如图 2-45 所示。

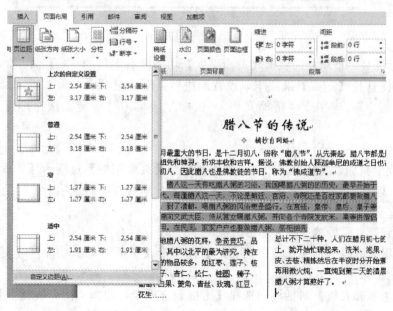

图 2-45

打开【页面设置】对话框，选中【页边距】选项卡，设置上下页边距为 1.5 厘米，左右页边距为 2 厘米，纸张方向为横向，应用于"整篇文档"，鼠标左键单击【确定】按钮即可，如图 2-46 所示。

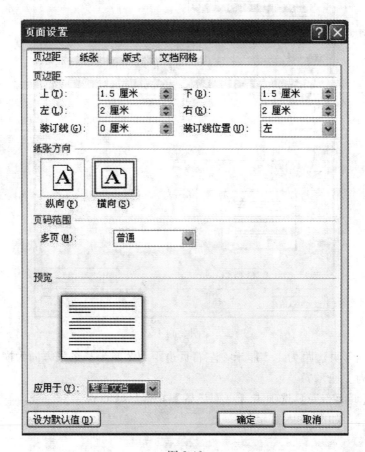

图 2-46

2）选择【页面布局】选项卡【页面设置】功能区右下角的【 ▫ 】命令，弹出【页面设置】对话框选择【版式】选项卡，设置距边界页眉 1 厘米，页脚 1 厘米；页面垂直对齐方式为"居中"；应用于"整篇文档"，鼠标左键单击【确定】按钮即可，如图 2-47 所示。

操作提示：

Word 完成页面设置还可采用以下方法：选择【页面布局】选项卡【页面设置】功能区右下角的【 ▫ 】命令，弹出【页面设置】对话框，选择相应的选项卡进行设置。

3. 设置段落边框、页面边框

（1）设置第一段段落边框为阴影边框。

选中要设置的段落，选择【页面布局】选项卡【页面背景】功能区【页面边框】命令，如图 2-48 所示。

打开【边框和底纹】对话框，选择【边框】选项卡，选择"阴影"，应用于"段落"，鼠标左键单击【确定】按钮即可，如图 2-49 所示。

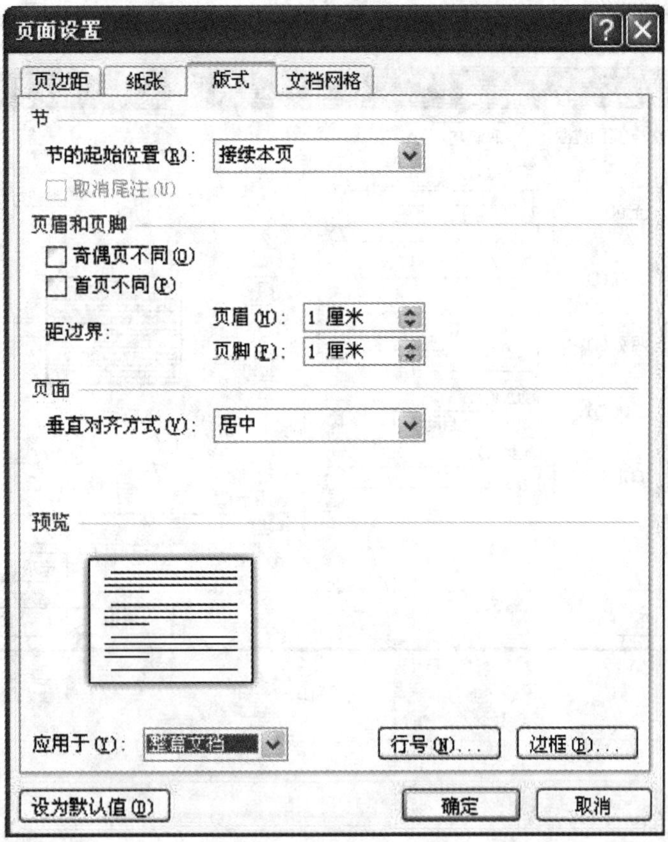

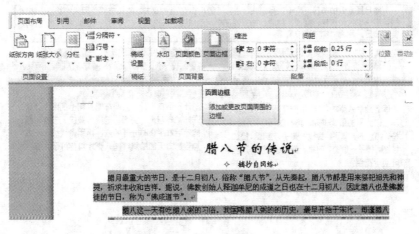

图 2-47

图 2-48

设置完成后的效果如图 2-50 所示。

（2）设置页面边框为艺术型边框。

选择【页面布局】选项卡【页面背景】功能区【页面边框】命令，如图 2-48 所示。

打开【边框和底纹】对话框，选择【页面边框】选项卡，选择"艺术型"，应用于"整篇文档"，鼠标左键单击【确定】按钮即可，如图 2-51 所示。

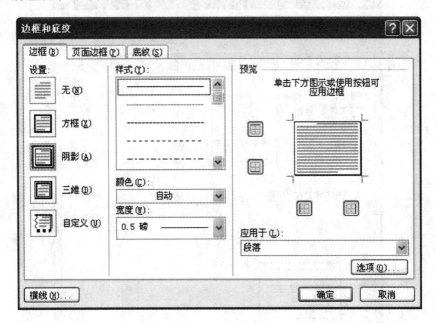

图 2-49

图 2-50

设置完成后的效果如图 2-52 所示。

4. 在预览界面进行相应的操作

设置显示比例为 80%。

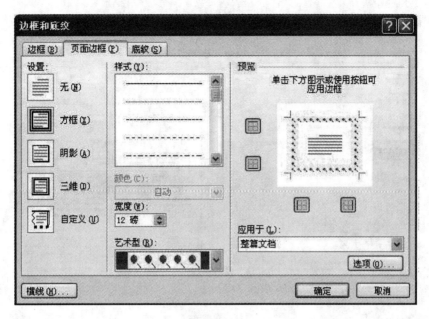

图 2-51

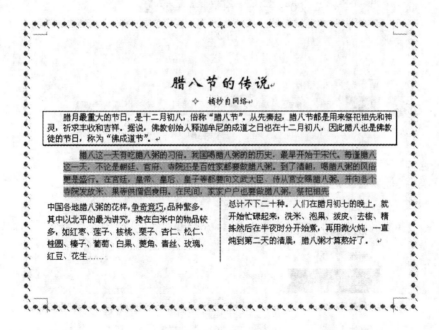

图 2-52

（1）查看打印预览

选择【文件】选项卡中的【打印】命令进行查看，如图 2-53 所示。

（2）设置显示比例为 80%

在打开的打印预览界面中找到显示比例，选择"80%"即可，如图 2-54 所示。

5．进行打印设置

设置打印当前页，份数为 2 份。

选择【文件】选项卡中的【打印】命令进行设置，如图 2-55 所示。

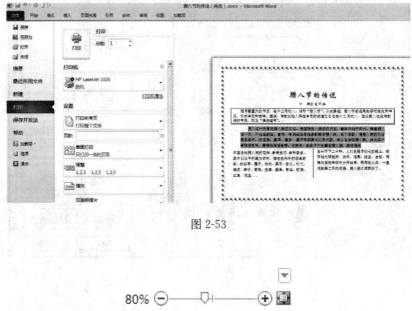

图 2-53

图 2-54

图 2-55

　　鼠标左键单击【打印】命令，在"份数"栏内选择"2"，在"设置"栏内选择【打印当前页】，鼠标左键单击【🖨】按钮即可。

五、任务工作页

专业		授课教师	
工作项目	Word 字处理软件使用	工作任务	Word 页面设置；打印设置
知识准备		\<span\>1. 文档页面的左边距、右边距，可以在【页面设置】对话框中精确设置，也可以在页面上直接拖动得到大致的左边距和右边距。\<br\>2. 在打印之前，如果想预览打印效果，可以使用打印预览功能，利用该功能观察到的文档效果，就是打印的真实效果，这就是"所见即所得"功能\</span\>	

工作过程	基本项目	在"素材"文件夹中打开对应的"1-5-2 录取通知书 .docx"文件，在该文件中完成以下操作： 1. 设置纸张大小为宽 25 厘米，高 20 厘米；上下左右页边距均为 4 厘米； 2. 设置第一段文字字体为隶书、字号为小一号，居中，第二～五段为四号字； 3. 设置第二段文字右对齐； 4. 设置第四段文字首行缩进 2 个字符； 5. 最后两段文字右对齐； 6. 设置正文段前间距 2 行； 7. 将"录取通知书"文本设置为字符间距加宽 3 磅。 打开"素材"文件夹中对应的"1-5-2 录取通知书 .jpg"文件，查看制作的效果
	拓展项目	制作一个信封，请按"效果"文件夹对应的"1-5-3 信封 .jpg"文件制作一个信封，纸张大小设置为长 17.6 厘米，高 12.5 厘米的纸张，并按照图样制作信封。 收信地址：**省****市建设路****学校 李玉文 收 寄信地址：广州市文化路 600 号

	评价项目	评价项目及权重	权重	学生自评 (30 分)	教师评价 (70 分)	小计
项目评价	职业素质及 学习能力	1. 按时完成项目	0.4			
		2. 遵守纪律				
		3. 积极主动、勤学好问				
		4. 组织协调能力（用于分组教学）				
	专业能力及 创新意识	1. 完成指定要求后有实用性拓展	0.3			
		2. 完成指定要求后有美观性拓展				
	安全及 环保 意识	1. 按要求使用计算机及实训设备	0.3			
		2. 按要求正确开、关计算机				
		3. 实训结束按要求整理实训相关设备				
		4. 爱护机房环境卫生				
	总分					
	教师总结					

任务 2.1.6 "孔雀惜尾" 图文混排

一、任务要求

在 3 学时内完成图文混排。

二、任务分析

实际的文档编辑排版中，往往需要在文章中插入一些相关的图片、剪贴画、文本框等图形对象，让文章做到图文并茂。图文混排是 Word 的特色功能，通过这一特色功能可以使得文档整体效果更好。

三、任务实施的路径与步骤

顺序	实施内容	达到效果
1	插入艺术字	会插入艺术字，并对艺术字进行设置
2	插入文本框，设置文本框格式	按要求插入文本框，填入文本信息
3	插入图片，设置图片格式	插入图片，对图片设置
4	插入形状	会插入自选图形，对插入的形状进行设置
5	设置首字下沉	会设置首字下沉
6	插入页眉和页脚、页码	插入页眉、页脚以及页码

四、任务实施

1. 插入艺术字

（1）定位艺术字放置的位置

将插入点定位于文档的开始处并按回车键，以空出足够的空间插入艺术字。

（2）插入艺术字"孔雀惜尾"，为艺术字添加透视阴影效果。

选择【插入】选项卡【文本】功能区【艺术字】命令，在下拉列表中选择艺术字形，如图 2-56 所示。在文档中的艺术字编辑框中输入文字内容"孔雀惜尾"，如图 2-57 所示。选中插入的"孔雀惜尾"艺术字，单击【绘图工具】下的【格式】选项卡，在【形状样式】里选择【形状效果】，在下拉列表里找到【阴影】命令，选择【透视】命令下的【左上对角透视】命令，如图 2-58 所示。

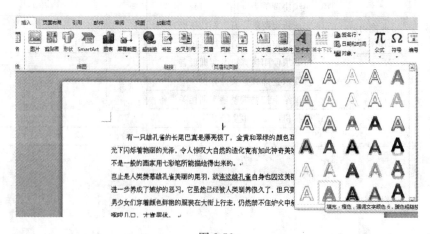

图 2-56

图 2-57

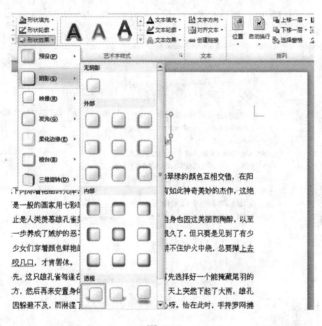

图 2-58

设置完成后的效果如图 2-59 所示。

2. 插入文本框，设置文本框格式

（1）插入竖排文本框。

选择【插入】选项卡【文本】功能区【文本框】命令，在下拉列表中选择【绘制竖排文本框】命令，如图 2-60 所示。在文档中的相应位置，当光标变成十字形状时，按住鼠标左键并拖动鼠标，绘制出竖排文本框，录入文字信息，如图 2-61 所示。

（2）设置文本框样式。

1）设置文本框位置为"顶端居左，四周型文字环绕"。

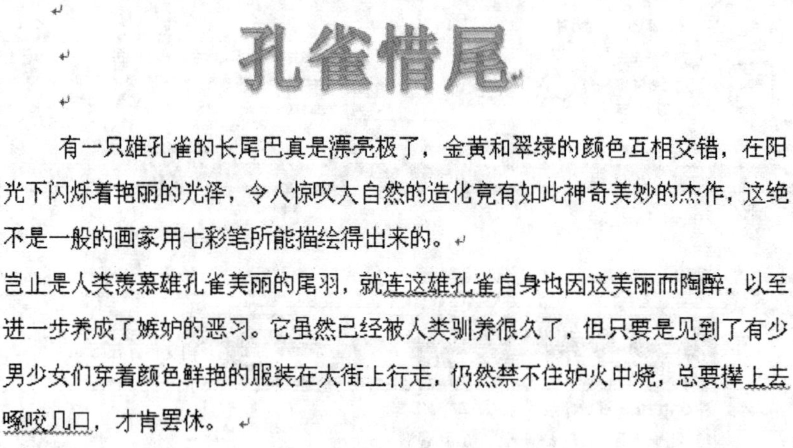

孔雀惜尾

　　有一只雄孔雀的长尾巴真是漂亮极了，金黄和翠绿的颜色互相交错，在阳光下闪烁着艳丽的光泽，令人惊叹大自然的造化竟有如此神奇美妙的杰作，这绝不是一般的画家用七彩笔所能描绘得出来的。

岂止是人类羡慕雄孔雀美丽的尾羽，就连这雄孔雀自身也因这美丽而陶醉，以至进一步养成了嫉妒的恶习。它虽然已经被人类驯养很久了，但只要是见到了有少男少女们穿着颜色鲜艳的服装在大街上行走，仍然禁不住炉火中烧，总要撵上去啄咬几口，才肯罢休。

图 2-59

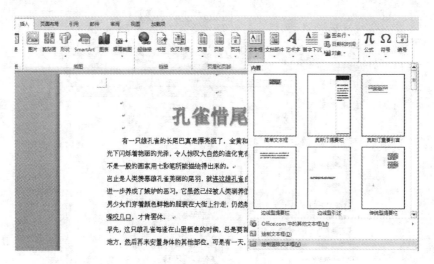

图 2-60

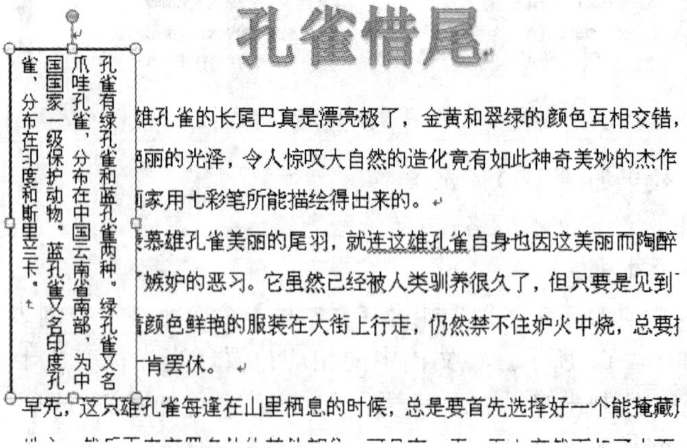

图 2-61

选择插入的文本框，单击【绘图工具】下的【格式】选项卡【排列】功能区的【位置】命令，在下拉列表中选择【文字环绕】下的【顶端居左，四周型文字环绕】命令，如图 2-62 所示。按住鼠标左键拖动文本框到合适位置，如图 2-63 所示。

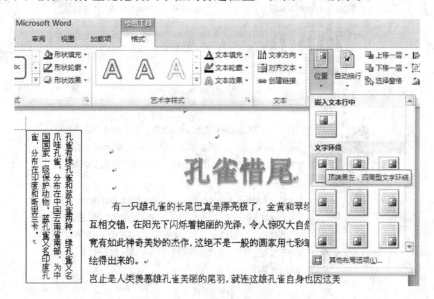

图 2-62

孔雀惜尾

有一只雄孔雀的长尾巴真是漂亮极了，金黄和翠绿的颜色互相交错，在阳光下闪烁着艳丽的光泽，令人惊叹大自然的造化竟有如此神奇美妙的杰作，这绝不是一般的画家用七彩笔所能描绘得出来的。

岂止是人类羡慕雄孔雀美丽的尾羽，就连这雄孔雀自身也因这美丽而陶醉，以至进一步养成了嫉妒的恶习。它虽然已经被人类驯养很久了，但只要是见到了有少男少女们穿着颜色鲜艳的服装在大街上行走，仍然禁不住妒火中烧，总要撵上去啄咬几口，才肯罢休。

（左侧竖排文字框内容）
孔雀有绿孔雀和蓝孔雀两种，又名爪哇孔雀，分布在中国云南省南部，绿孔雀又为中国国家一级保护动物，蓝孔雀又名印度孔雀，分布在印度和斯里兰卡。

图 2-63

2）设置文本框底纹颜色为"橙色，强调文字颜色 6，淡色 60%"，边框颜色为"橙色，强调文字颜色 6，深色 25%"，粗细为 1.5 磅，圆点虚线。

选择插入的文本框，单击【绘图工具】下的【格式】选项卡【形状样式】功能区的【形状填充】命令，在下拉列表中选择【主题颜色】为"橙色，强调文字颜色 6，淡色 60%"，如图 2-64 所示。单击【形状轮廓】命令，在下拉列表中选择【主题颜色】为"橙

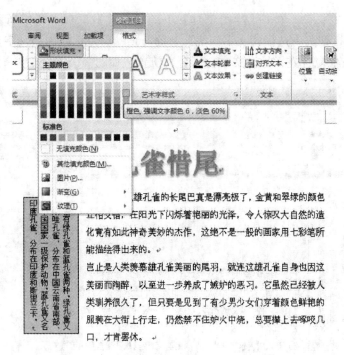

图 2-64

色，强调文字颜色 6，深色 25％"，粗细 1.5 磅，圆点虚线，如图 2-65 所示。设置完成后的效果如图 2-66 所示。

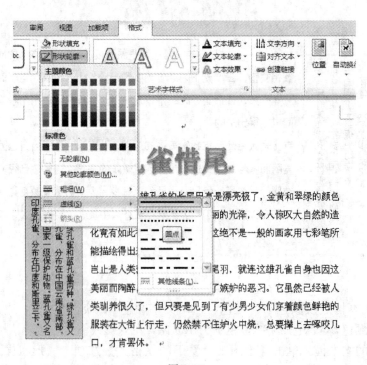

图 2-65

孔雀惜尾

孔雀有绿孔雀和蓝孔雀两种。绿孔雀又名爪哇孔雀，分布在中国云南省南部，为中国国家一级保护动物。蓝孔雀又名印度孔雀，分布在印度和斯里

有一只雄孔雀的长尾巴真是漂亮极了，金黄和翠绿的颜色互相交错，在阳光下闪烁着艳丽的光泽，令人惊叹大自然的造化竟有如此神奇美妙的杰作，这绝不是一般的画家用七彩笔所能描绘得出来的。

岂止是人类羡慕雄孔雀美丽的尾羽，就连这雄孔雀自身也因这美丽而陶醉，以至进一步养成了嫉妒的恶习。它虽然已经被人类驯养很久了，但只要是见到了有少男少女们穿着颜色鲜艳的服装在大街上行走，仍然禁不住妒火中烧，总要撵上去啄咬几口，才肯罢休。

图 2-66

3. 插入图片、图片的设置

（1）插入图片

选择【插入】选项卡的【插图】功能区的【图片】命令，如图 2-67 所示，打开【来自文件】对话框，选中要插入的图片文件，单击【插入】按钮即可，如图 2-68 所示。设置完成后的效果如图 2-69 所示。

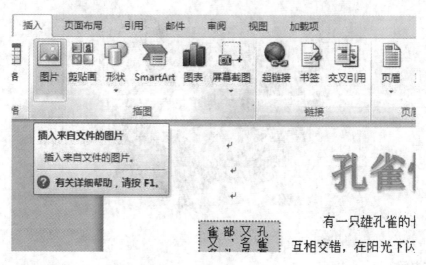

图 2-67

（2）设置图片

右键单击图片，在弹出的快捷菜单中选择【自动换行】命令，选择【衬于文字下方】命令，如图 2-70 所示。调整图片在文档中的位置及大小。完成设置后的效果如图 2-71 所示。

75

图 2-68

图 2-69

操作提示：

Word 设置图片还可采用的方法为：选择图片，在【图片工具】下【格式】选项卡里各个功能区里的命令可以完成图片的相关设置。

4. 插入形状

（1）插入形状

选择【插入】选项卡【插图】功能区的【形状】命令，在下拉列表中选择形状，在文档中的相应位置，当光标变成十字星形状时，按住鼠标左键并拖动鼠标，绘制出形状，如

图 2-72 所示。设置完成后的效果如图 2-73 所示。

图 2-70

被人类驯养很久了，但只要是见到了有少男少女们穿着颜色鲜
艳的服装在大街上行走，仍然禁不住炉火中烧，总要撵上去啄
咬几口，才肯罢休。

　　早先，这只雄孔雀每逢在山里栖息的时候，总是要首先选择好一个能掩藏尾
羽的地方，然后再来安置身体的其他部位。可是有一天，天上突然下起了大雨，
雄孔雀因躲避不及，而淋湿了漂亮的尾羽，这使它好痛心呀，恰在此时，手持罗
网捕鸟的人又来到了面前，而这只孔雀还在珍惜顾惜自己漂亮的尾羽，不肯展翅
高飞逃离现场，于是只好落入了捕鸟人撒下的罗网。
雄孔雀有着美丽的长尾羽，这本来是一件值得骄傲的事。但它却对自己的这一优
长之处珍爱得太过分了，其结果是反而招致了祸患。雄孔雀的下场警示人们：如
果有谁对自己缺乏自知之明，将某一长处当包袱背起来，搞错了，这时好事就
有可能变成坏事，引出本来不该发生的后果。

文本框内文字：
孔雀有绿孔雀和蓝孔雀两种。绿孔雀又名爪哇孔雀，分布在中国云南省南部，为中国国家一
级保护动物。蓝孔雀又名印度孔雀，分布在印度和斯里兰卡。

图 2-71

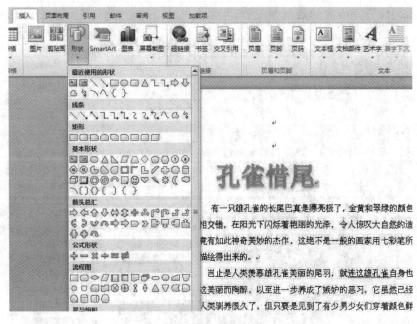

图 2-72

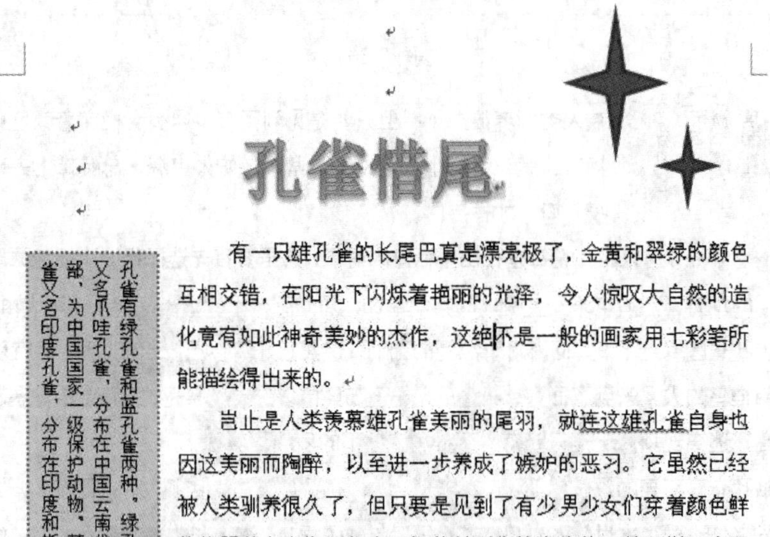

孔雀惜尾

有一只雄孔雀的长尾巴真是漂亮极了，金黄和翠绿的颜色互相交错，在阳光下闪烁着艳丽的光泽，令人惊叹大自然的造化竟有如此神奇美妙的杰作，这绝不是一般的画家用七彩笔所能描绘得出来的。

岂止是人类羡慕雄孔雀美丽的尾羽，就连这雄孔雀自身也因这美丽而陶醉，以至进一步养成了嫉妒的恶习。它虽然已经被人类驯养很久了，但只要是见到了有少男少女们穿着颜色鲜艳的服装在大街上行走，仍然禁不住妒火中烧，总要撵上去啄咬几口，才肯罢休。

孔雀有绿孔雀和蓝孔雀两种。绿孔雀又名爪哇孔雀，分布在中国云南省南部，为中国国家一级保护动物。蓝孔雀又名印度孔雀，分布在印度和斯里

图 2-73

（2）设置形状

选择形状，在【绘图工具】的【格式】选项卡【形状样式】功能区选择【形状填充】命令，在下拉列表中选择【主题颜色】，如图 2-74 所示。调整设置形状的位置和大小，完成后的效果如图 2-75 所示。

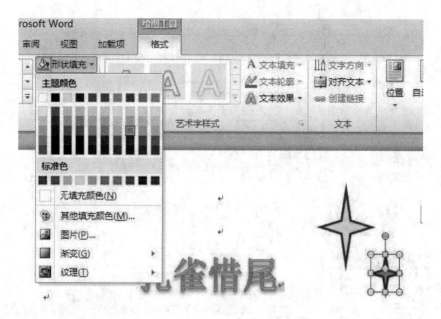

图 2-74

图 2-75

5. 设置首字下沉

对文章第三段设置首字下沉效果，要求效果为下沉，字体为隶书，下沉行数为 2 行，距正文 0.2。

将插入点移至文章第三段，选择【插入】选项卡【文本】功能区的【首字下沉】命令，在下拉列表中选择【首字下沉选项】命令（图 2-76），打开【首字下沉】对话框，选择位置为"下沉"，字体为"隶书"，下沉行数"2"行，距正文"0.2 厘米"。设置完成单击【确定】按钮，如图 2-77 所示。设置完成后的效果如图 2-78 所示。

6. 设置页眉，插入页码

（1）设置页眉文本为"佳文赏析"，居中对齐，4 号字，隶书。

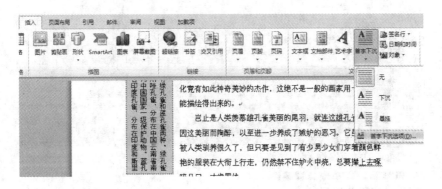

图 2-76

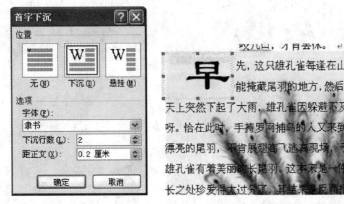

图 2-77

图 2-78

选择【插入】选项卡【页眉和页脚】功能区的【页眉】命令，在下拉列表中选择【空白】，如图 2-79 所示，在页眉编辑区录入"佳文赏析"，设置字体为四号、隶书，如图 2-80所示。

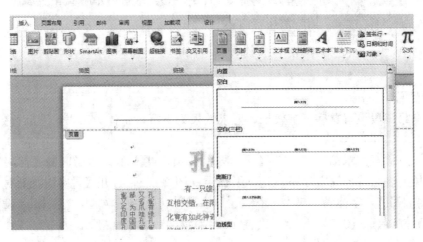

图 2-79

孔雀惜尾

有一只雄孔雀的长尾巴真是漂亮极了，金黄和翠绿的颜色互相交错，在阳光下闪烁着艳丽的光泽，令人惊叹大自然的造化竟有如此神奇美妙的杰作，这绝不是一般的画家用七彩笔所能描绘得出来的。

岂止是人类羡慕雄孔雀美丽的尾羽，就连这雄孔雀自身也因这美丽而陶醉，以至进一步养成了嫉妒的恶习。它虽然已经被人类驯养很久了，但只要是见到了有少男少女们穿着颜色鲜艳的服装在大街上行走，仍然禁不住妒火中烧，总要撵上去啄咬几口，才肯罢休。

孔雀有绿孔雀和蓝孔雀两种，绿孔雀又名爪哇孔雀，分布在中国云南省南部，为中国国家一级保护动物。蓝孔雀又名印度孔雀，分布在印度和斯里

图 2-80

（2）插入页码。要求页码为页脚右侧，起始页码为 5，阿拉伯数字，首页显示页码。

1）插入页码

选择【插入】选项卡【页眉和页脚】功能区的【页码】命令，在下拉列表中选择【页面底端】下的【普通数字 3】，如图 2-81 所示。

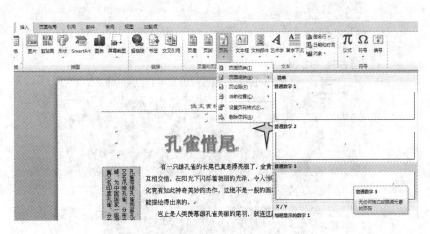

图 2-81

2）设置页码格式

选择【页眉和页脚工具】下的【设计】选项卡，打开【页眉和页脚】功能区的【页码】命令，在下拉列表中选择【设置页码格式】（图 2-82），打开【页码格式】对话框，编号格式选择"1，2，3，…"，页码编号起始页码为"5"，设置完成单击【确定】按钮，如图 2-83 所示。

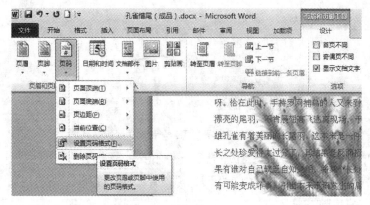

图 2-82   图 2-83

文章设置完成的效果如图 2-84 所示。

有一只雄孔雀的长尾巴真是漂亮极了,金黄和翠绿的颜色互相交错,在阳光下闪烁着艳丽的光泽,令人惊叹大自然的造化竟有如此神奇美妙的杰作,这绝不是一般的画家用七彩笔所能描绘得出来的。

岂止是人类羡慕雄孔雀美丽的尾羽,就连这雄孔雀自身也因这美丽而陶醉,以至进一步养成了嫉妒的恶习。它虽然已经被人类驯养很久了,但只要是见到了有少男少女们穿着颜色鲜艳的服装在大街上行走,仍然禁不住妒火中烧,总要撵上去啄咬几口,才肯罢休。

孔雀有绿孔雀和蓝孔雀两种。绿孔雀又名爪哇孔雀,分布在中国云南省南部,为中国国家一级保护动物;蓝孔雀又名印度孔雀,分布在印度和斯里兰卡。

早先,这只雄孔雀每逢在山里栖息的时候,总是要首先选择好一个能掩藏尾羽的地方,然后再来安置身体的其他部位。可是有一天,天上突然下起了大雨,雄孔雀因躲避不及,而淋湿了漂亮的尾羽,这使它好痛心呀。恰在此时,手持罗网捕鸟的人又来到了面前,孔雀还高珍惜顾盼自己漂亮的尾羽,就肯展翅高飞逃离现场,于是只好被捕鸟人撒下的罗网。雄孔雀有着美丽的长尾羽,这本来是一件值得骄傲的事,但它却对自己的这一优长之处珍爱得太过头了,结果是喜爱招致了祸患。雄孔雀的故事警示人们:如果有谁对自己的某自知,一旦将其优长当成包袱背起来,这时好事就有可能变成坏事,引出乐极生悲发生的悲剧。

5

图 2-84

82

五、任务工作页

专业		授课教师	
工作项目	Word 字处理软件使用	工作任务	图文混排
知识准备		1. Word 提供了丰富的自选图形，包括线条、连接符、基本形状、箭头汇总、流程图、星与旗帜、标注等，基本能满足大多数用户对于排版的需求。 2. 各种自选图形一般都可以设置线条颜色、填充颜色，还可以在图形中添加文本文字，可以实现许多实用的排版效果。 3. 图形位置的设置，可以使用鼠标拖动或按住键盘上的 Ctrl 键，使用键盘上的方向键移动图形，实现图形位置的微调，也可以在图形的属性中用数值进行调整，实现更精确的定位	

	基本项目	打升"素材"文件夹中对应的文件"1-6-2 八面威风.docx"文件，在该文件中完成以下操作： 1."八面威风"使用艺术字； 2. 正文设置为小四号黑色宋体； 3. 插入文本框，文本框线条颜色为黑色，圆点线型，粗细为 2 磅，填充颜色为橙色，强调颜色 6，淡色 100%，文字环绕方式为紧密型，文本框内输入相关文字内容，其字体设置为黑色、五号、宋体； 4. 插入形状中流程图里的"资料带"，设置填充颜色为红色，线条颜色为黄色，粗细为 3 磅； 5. 插入素材中的八面威风图片，与文字环绕方式为四周型。 完成后，打开"效果"文件夹中对应的"1-6-2 八面威风.jpg"文件，查看制作的效果图
工作过程	拓展项目	打开"素材"文件夹中对应的文件"1-6-3 健康小报.docx"文件，在该文件中完成以下操作： 1."健康小报"使用艺术字； 2. 插入形状中的圆角矩形，设置线条颜色为紫色，与文字环绕方式为紧密型，圆角矩形中输入相关文字内容，其字体设置为黑色、五号、宋体；标题设置为橘色、蓝色、草绿色； 3. 插入相关图片； 4. 插入小矩形框，并填充颜色。 制作完成后，打开"效果"文件夹中"1-6-3 健康小报.jpg"，查看制作的效果图

	评价项目	评价项目及权重	权重	学生自评 （30 分）	教师评价 （70 分）	小计
项目评价	职业素质及 学习能力	1. 按时完成项目	0.4			
		2. 遵守纪律				
		3. 积极主动、勤学好问				
		4. 组织协调能力（用于分组教学）				
	专业能力及 创新意识	1. 完成指定要求后有实用性拓展	0.3			
		2. 完成指定要求后有美观性拓展				
	安全及 环保 意识	1. 按要求使用计算机及实训设备	0.3			
		2. 按要求正确开、关计算机				
		3. 实训结束按要求整理实训相关设备				
		4. 爱护机房环境卫生				
		总分				
	教师总结					

任务 2.1.7 奖状的制作

一、任务要求

在1学时内完成页面设置，设置字符、段落。

二、任务分析

实际的文档编辑排版中，往往需要在文章中插入一些相关的图片、剪贴画、文本框等图形对象，让文章做到图文并茂。图文混排是 Word 的特色功能，通过这一特色功能可以使得文档整体效果更好。

三、任务实施的路径与步骤

顺序	实施内容	达到效果
1	页面设置	按要求完成页面设置
2	字符格式设置	按要求完成字符格式设置
3	段落格式设置	按要求完成段落格式设置
4	插入图形	插入图片，设置图片

四、任务实施

1. 页面设置

（1）设置奖状纸张大小

1）自行量出奖状纸张的长宽。

2）按量出的纸张大小进行页面设置。

选择【页面布局】选项卡【页面设置】功能区的【纸张大小】命令，在下拉列表中选择【其他页面大小】，如图 2-85 所示。打开【页面设置】对话框，选择【纸张】选项卡，设置纸张大小宽度为 24.4 厘米，高度为 17.3 厘米，设置完成单击【确定】按钮，如图 2-86 所示。

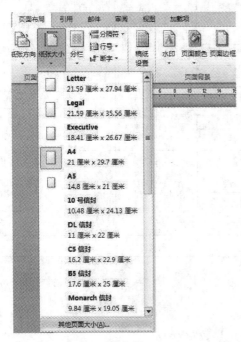

图 2-85

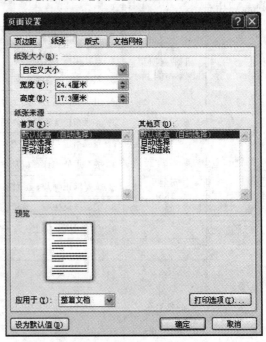

图 2-86

（2）设置奖状版心位置

1）自行量出奖状文字书写区与页边的距离。

2）按量出的页边距大小设置。

选择【页面布局】选项卡【页面设置】功能区的【页边距】命令，在下拉列表中选择【自定义页边距】，如图 2-87 所示。打开【页面设置】对话框，选择【页边距】选项卡，上下页边距设置为 4.5 厘米；左右设置为 3.17 厘米，设置完成单击【确定】按钮，如图 2-88 所示。

图 2-87

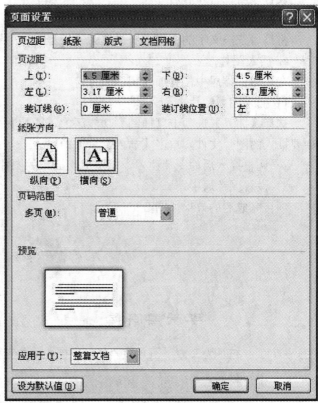

图 2-88

操作提示：

Word 进行页面设置还可采用的方法为：选择【页面布局】选项卡【页面设置】功能区右下角的【▣】命令，弹出【页面设置】对话框，选择相应的选项卡进行设置。

（3）录入文本信息，如图 2-89 所示。

李爱国同志：
被评为二〇一五年度"****学校优秀共青团员"，特颁此证，以资鼓励。

共青团****学校委员会
****青年联合会
二〇一六年四月

图 2-89

2. 字符格式设置

(1) 将第一行的文字字号设置为"一号"，字体为"隶书"。

(2) 将第二行的文字字号设置为"小二号"。

3. 段落格式设置

(1) 设置首行缩进

设置第二行文字首行缩进 2 个文字位置。

(2) 设置对齐方式

设置最后三行靠右对齐。

(3) 设置字体格式

将最后三段文字的文字字号设置为"四号"。

4. 插入图片

在页面顶端居中位置插入团徽图片。

1) 插入团徽图片。

选择【插入】选项卡【插图】功能区的【图片】命令，打开【来自文件】对话框，选中要插入的图片文件，单击【插入】按钮即可。

2) 调整插入后的图片位置，用鼠标将插入的图片拖到页面顶端位置。

3) 设置图片居中。

项目完成后的效果如图 2-90 所示。

李爱国同志：

被评为二〇一五年度"****学校优秀共青团员"，特颁此证，以资鼓励。

共青团****学校委员会

****青年联合会

二〇一六年四月

图 2-90

五、任务工作页

专业		授课教师	
工作项目	Word 字处理软件使用	工作任务	Word 综合应用
知识准备	1. 注意观察空白行，空白行也应视为一段，因为从图中可看到段落标记符。 2. 图形位置的设置，可以使用鼠标拖动		

工作过程	基本项目	在"素材"文件夹打开对应的"1-7-2 产品宣传单.docx"文件，在该文件中完成以下操作： 1. 设置文档页面版式：纸张大小设置为 A4，左右边距各为 2.54 厘米，上下边距各为 1.2 厘米。 2. 设置艺术字 （1）将正文标题"新款计算机"按艺术字库中的第 3 行第 2 列的式样，设置为隶书、小初号。 （2）将标注文字"新款上市！6200 元一台！"，按"艺术字库"中的第 4 行第 5 列的式样，设置为宋体、一号。 （3）将艺术字的环绕方式设为四周型。 3. 图片插入 （1）将"素材"文件夹中对应的"电脑.jpg"文件插入文档中。 （2）图片的环绕方式设为四周型。 4. 插入自选图形 （1）在文档中添加一个"爆炸型 1"图形，并填充茶色。 （2）在文档中添加一个"矩形标注"图形，并填充酸橙色。 （3）把文档中的文字添加到矩形标注中，段落格式设置首行缩进 2 字符，行距为最小值 15.6 磅，字符颜色为黑色。 （4）按照效果图设置"新款上市！6200 元一台！"的爆炸效果。 （5）按照效果图设置相关图片和自选图形的位置。 打开"效果"文件夹中对应的"1-7-2 产品宣传单.jpg"，查看制作后的效果
	拓展项目	按照效果图，制作一个日历。 

项目评价	评价项目	评价项目及权重	权重	学生自评（30 分）	教师评价（70 分）	小计
	职业素质及学习能力	1. 按时完成项目	0.4			
		2. 遵守纪律				
		3. 积极主动、勤学好问				
		4. 组织协调能力（用于分组教学）				
	专业能力及创新意识	1. 完成指定要求后有实用性拓展	0.3			
		2. 完成指定要求后有美观性拓展				
	安全及环保意识	1. 按要求使用计算机及实训设备	0.3			
		2. 按要求正确开、关计算机				
		3. 实训结束按要求整理实训相关设备				
		4. 爱护机房环境卫生				
	总分					
	教师总结					

任务 2.1.8　五四黑板报的制作

一、任务要求

在 2 学时内完成页面设置，设置字符、段落。

二、任务分析

在 Word 文档的编辑过程中，图文混排技术是常见的一类操作，具有非常重要的意义，掌握图文混排技术也是 Word 操作必备的技能。合理的图文混排操作往往能使文档表现更有特色，更易于理解。

三、任务实施的路径与步骤

顺序	实施内容	达到效果
1	页面设置	按要求完成页面设置
2	分栏操作	按要求完成分栏操作
3	插入艺术字	按要求插入艺术字
4	字符格式、段落格式设置	按要求完成字符格式、段落格式的设置
5	插入图片	按要求插入图片
6	设置艺术型页面边框	按要求设置艺术型页面边框

四、任务实施

1. 页面设置

设置纸张大小为 A4 纸，横向，上、下、左、右页边距分别设置为：2.5 厘米、2 厘米、4 厘米、4 厘米。

选择【页面布局】选项卡【页面设置】功能区右下角的【▣】命令，弹出【页面设置】对话框，选择【纸张】选项卡，设置纸张大小为 A4，如图 2-91 所示。选择【页边距】选项卡，设置上、下页边距为 3 厘米；左右页边距为 4 厘米；纸张方向为横向，设置完成后鼠标左键单击【确定】按钮即可，如图 2-92 所示。

2. 将文章分为 3 栏

(1) 分栏操作

选择【页面布局】选项卡【页面设置】功能区的【分栏】命令，在下拉列表中选择【更多分栏】命令，如图 2-93 所示。打开【分栏】对话框，设置栏数为 3，栏宽相等，应用于所选文字，如图 2-94 所示。设置完成后鼠标左键单击【确定】按钮即可。

(2) 插入分栏符：分别在"振兴中华民族。"、"科学的氛围。"后插入分栏符。

将插入点移至"振兴中华民族。"后，在【页面布局】选项卡中找到【分隔符】命令，选择【分隔符】命令，在下拉列表中选择【分栏符】，如图 2-95 所示。同样的方法在"科学的氛围。"后插入分栏符。

设置完成后的效果如图 2-96 所示。

3. 插入艺术字

用艺术字设置标题"承五四精神"和"扬时代新风"。

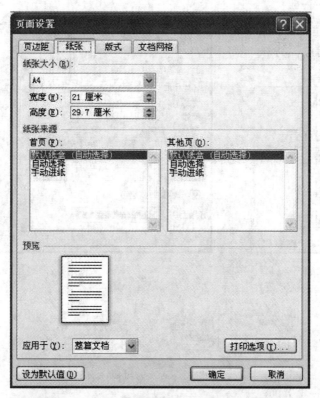

图 2-91

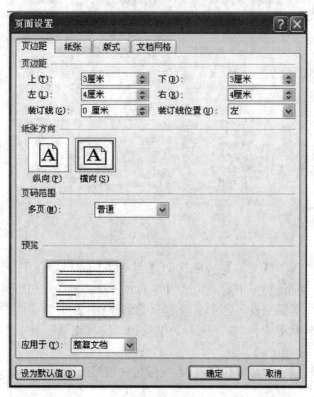

图 2-92

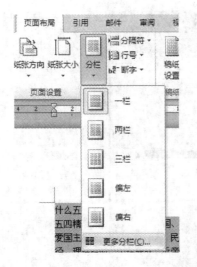

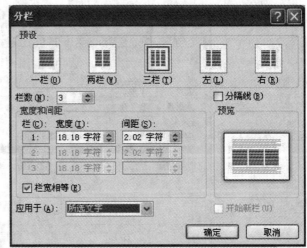

图 2-93   图 2-94

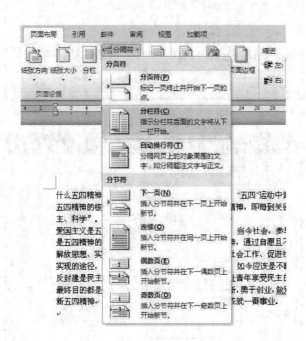

图 2-95

  选择【插入】选项卡【文本】功能区的【艺术字】命令，在下拉列表中选择艺术字字形，在文档中的艺术字编辑框中输入文字内容"承五四精神"，如图 2-97 所示。

  选中插入的"承五四精神"艺术字，单击【绘图工具】下的【格式】选项卡，在【形状样式】里选择【形状效果】，在下拉列表里找到"三维旋转"命令，选择【平行】命令下的"离轴 1 右"，如图 2-98 所示。

  同样的操作方法插入"扬时代新风"，三维旋转效果为"离轴 2 左"，设置后的效果如图 2-99 所示。

什么五四精神？

五四精神的核心内容为"爱国、进步、民主、科学"。

爱国主义是五四精神的泉源，民主与科学是五四精神的核心。勇于探索、敢于创新、解放思想、实行变革是民主与科学提出和实现的途径，理性精神、个性解放、反帝反封建是民主与科学的内容。而所有这些，最终目的都是为了振兴中华民族。

新五四精神

爱国 "五四"运动中青年所表现出的爱国主义精神，即每到关键时刻，都能挺身而出。

进步 当今社会，参与志愿服务，弘扬志愿精神，通过自愿且不图物质报酬的方式参与社会工作、促进社会进步。

民主 如今应该是不断推进国内的民主，不断让青年享受民主的权利，鼓励青年敢于创新，勇于创业，做别人所没做过的事，从而成就一番事业。

科学 要让青年有一种科学的精神，一定要培养青年对科学的兴趣，形成注重科学的氛围。

传 承

弘扬五四精神，肩负历史使命，就是要树立理想，立志报国，献身于改革开放和现代化建设的伟大事业，自觉地把自己的人生追求同祖国和民族的命运前途联系起来，在服务祖国服务人民的实践中发挥自己的聪明才智。

图 2-96

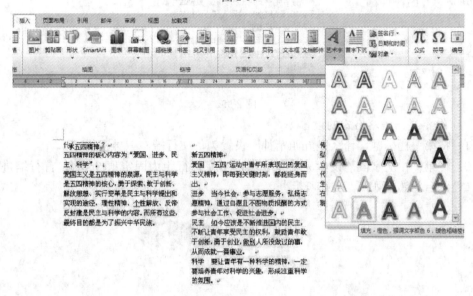

图 2-97

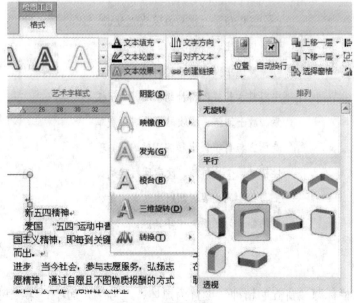

图 2-98

91

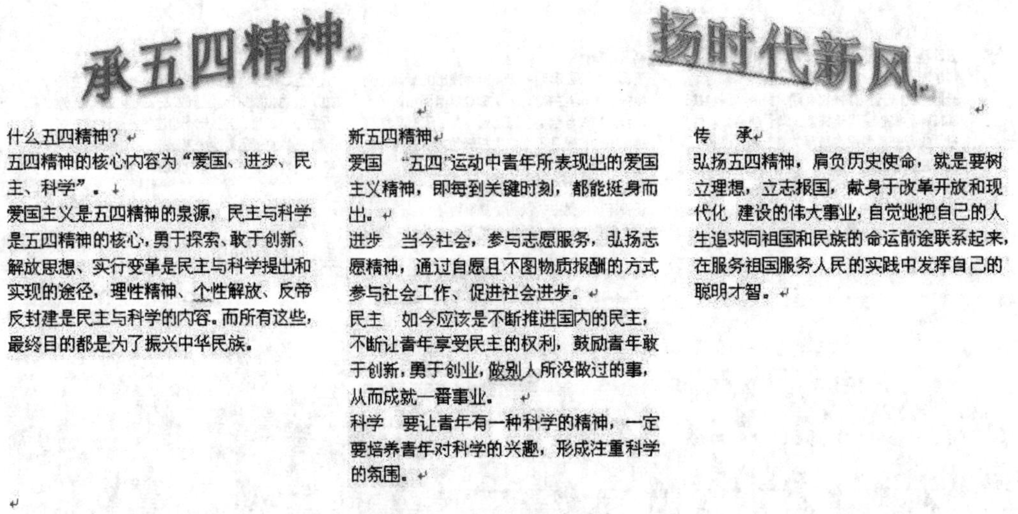

承五四精神

扬时代新风

什么五四精神？

五四精神的核心内容为"爱国、进步、民主、科学"。

爱国主义是五四精神的泉源，民主与科学是五四精神的核心，勇于探索、敢于创新、解放思想、实行变革是民主与科学提出和实现的途径，理性精神、个性解放、反帝反封建是民主与科学的内容。而所有这些，最终目的都是为了振兴中华民族。

新五四精神

爱国 "五四"运动中青年所表现出的爱国主义精神，即每到关键时刻，都能挺身而出。

进步 当今社会，参与志愿服务，弘扬志愿精神，通过自愿且不图物质报酬的方式参与社会工作、促进社会进步。

民主 如今应该是不断推进国内的民主，不断让青年享受民主的权利，鼓励青年敢于创新，勇于创业，做别人所没做过的事，从而成就一番事业。

科学 要让青年有一种科学的精神，一定要培养青年对科学的兴趣，形成注重科学的氛围。

传 承

弘扬五四精神，肩负历史使命，就是要树立理想，立志报国，献身于改革开放和现代化 建设的伟大事业，自觉地把自己的人生追求同祖国和民族的命运前途联系起来，在服务祖国服务人民的实践中发挥自己的聪明才智。

图 2-99

4. 字符格式、段落格式的设置

（1）将第一栏标题"什么是五四精神"设置为华文行楷、三号字。

（2）将第一栏文字段落设置为仿宋、小四号字，行距为固定值 25 磅，首行缩进 2 个字符。设置后的效果如图 2-100 所示。

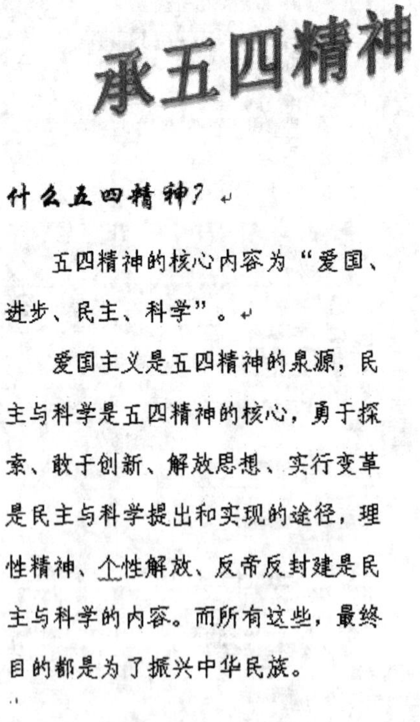

承五四精神

什么五四精神？

五四精神的核心内容为"爱国、进步、民主、科学"。

爱国主义是五四精神的泉源，民主与科学是五四精神的核心，勇于探索、敢于创新、解放思想、实行变革是民主与科学提出和实现的途径，理性精神、个性解放、反帝反封建是民主与科学的内容。而所有这些，最终目的都是为了振兴中华民族。

图 2-100

（3）将第二栏标题"新五四精神"设置为黑体、三号字，居中；第二栏文字段落设置为宋体、五号、行距为固定值 25 磅；"爱国、进步、民主、科学"添加加粗效果。设置后的效果如图 2-101 所示。

新五四精神

爱国 "五四"运动中青年所表现出的爱
国主义精神，即每到关键时刻，都能挺身
而出。

进步 当今社会，参与志愿服务，弘扬志
愿精神，通过自愿且不图物质报酬的方式
参与社会工作、促进社会进步。

民主 如今应该是不断推进国内的民主，
不断让青年享受民主的权利，鼓励青年敢
于创新，勇于创业，做别人所没做过的事，
从而成就一番事业。

科学 要让青年有一种科学的精神，一定
要培养青年对科学的兴趣，形成注重科学
的氛围。

图 2-101

（4）将第三栏标题和文字设置为华文新魏，小四号字，标题居中，正文行距为固定值
20 磅。设置后的效果如图 2-102 所示。

传 承

弘扬五四精神，肩负历史使命，就是
要树立理想，立志报国，献身于改革
开放和现代化建设的伟大事业，自
觉地把自己的人生追求同祖国和民
族的命运前途联系起来，在服务祖国
服务人民的实践中发挥自己的聪明
才智。

图 2-102

5. 插入图片

(1) 按照效果图在相应位置插入图片。

选择【插入】选项卡【插图】功能区的【图片】命令，打开【来自文件】对话框，选中要插入的图片文件，单击【插入】按钮即可。

设置后的效果如图 2-103 所示。

承五四精神 扬时代新风

什么五四精神？

五四精神的核心内容为"爱国、进步、民主、科学"。

爱国主义是五四精神的泉源，民主与科学是五四精神的核心，勇于探索、敢于创新、解放思想、实行变革是民主与科学提出和实现的途径，理性精神、个性解放、反帝反封建是民主与科学的内容。而所有这些，最终目的都是为了振兴中华民族。

新五四精神

爱国 "五四"运动中青年所表现出的爱国主义精神，即每到关键时刻，都能挺身而出。

进步 当今社会，参与志愿服务，弘扬志愿精神，通过自愿且不图物质报酬的方式参与社会工作、促进社会进步。

民主 如今应该是不断推进国内的民主，不断让青年享受民主的权利，鼓励青年敢于创新，勇于创业，做别人所没做过的事，从而成就一番事业。

科学 要让青年有一种科学的精神，一定要培养青年对科学的兴趣，形成注重科学的氛围。

传 承

弘扬五四精神，肩负历史使命，就是要树立理想，立志报国，献身于改革开放和现代化建设的伟大事业，自党地把自己的人生追求同祖国和民族的命运前途联系起来，在服务祖国服务人民的实践中发挥自己的聪明才智。

图 2-103

(2) 按照效果图在相应位置插入文本框，并录入文本内容。

1) 插入文本框。

选择【插入】选项卡【文本】功能区的【文本框】命令，在下拉列表中选择【绘制竖排文版框】命令。在文档中的相应位置，当光标变成十字形状时，按住鼠标左键并拖动鼠标，绘制出竖排文本框，录入文字信息，如图 2-104 所示。

2) 设置文本框的底纹图案，要求底图透明度为 50%。

选中文本框，单击鼠标右键，在弹出的菜单中选择【设置文本框格式】，设置文本框，如图 2-105 所示。

6. 按照效果图插入一个表格，设置外框线为花线，表格内文字要求为艺术字

(1) 插入一个 2 列 2 行的表格。

确定插入表格的位置，选择【插入】选项卡【表格】功能区下拉列表中的【插入表格】命令，弹出【插入表格】对话框进行设置，如图 2-106 所示。

五四运动是1919年5月4日发生在北京以青年学生为主的一场学生运动。广大群众、市民、工商人士等中下阶层广泛参与的一次示威游行、请愿、罢工、暴力对抗政府等多形式的爱国运动。是中国人民彻底的反对帝国主义、封建主义的爱国运动。五四运动是中国新民主主义革命的开端，是中国旧民主主义革命到新民主主义革命史上划时代的事件，是中国旧民主主义革命到新民主主义革命的转折点。

图 2-104

五四运动
五四运动是1919年5月4日发生在北京以青年学生为主的一场学生运动。广大群众、市民、工商人士等中下阶层广泛参与的一次示威游行、请愿、罢工、暴力对抗政府等多形式的爱国运动。是中国人民彻底的反对帝国主义、封建主义的爱国运动。五四运动是中国新民主主义革命的开端，是中国旧民主主义革命到新民主主义革命史上划时代的事件，是中国旧民主主义革命到新民主主义革命的转折点。

图 2-105

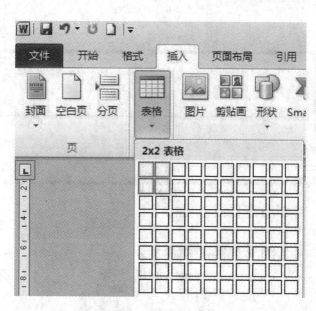

图 2-106

（2）设置外框线为花线。

选中表格，单击鼠标右键，在弹出的快捷菜单中选择【边框和底纹】命令，打开【边框和底纹】对话框进行设置，设置好后鼠标左键单击【确定】按钮，如图 2-107 所示。

设置后的效果如图 2-108 所示。

（3）将表格中第一行的所有单元格合并。

选中表格中第一行的所有单元格，单击右键弹出快捷菜单，选择【合并单元格】命令进行设置，如图 2-109 所示。

（4）在表格中录入文字信息，并设置表格的对齐方式为"中部居中"，如图 2-110 所示。

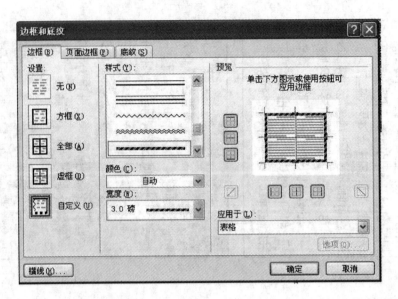

图 2-107

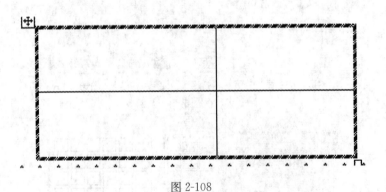

图 2-108

图 2-109

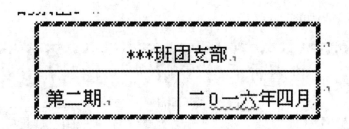

图 2-110

7. 设置艺术型页面边框

在文档中插入艺术型页面边框。

选择【页面布局】选项卡【页面背景】功能区的【页面边框】命令，如图 2-111 所示。

图 2-111

打开【边框和底纹】对话框，选择【页面边框】选项卡，选择"艺术型"，应用于"整篇文档"，鼠标左键单击【确定】按钮即可，如图 2-112 所示。

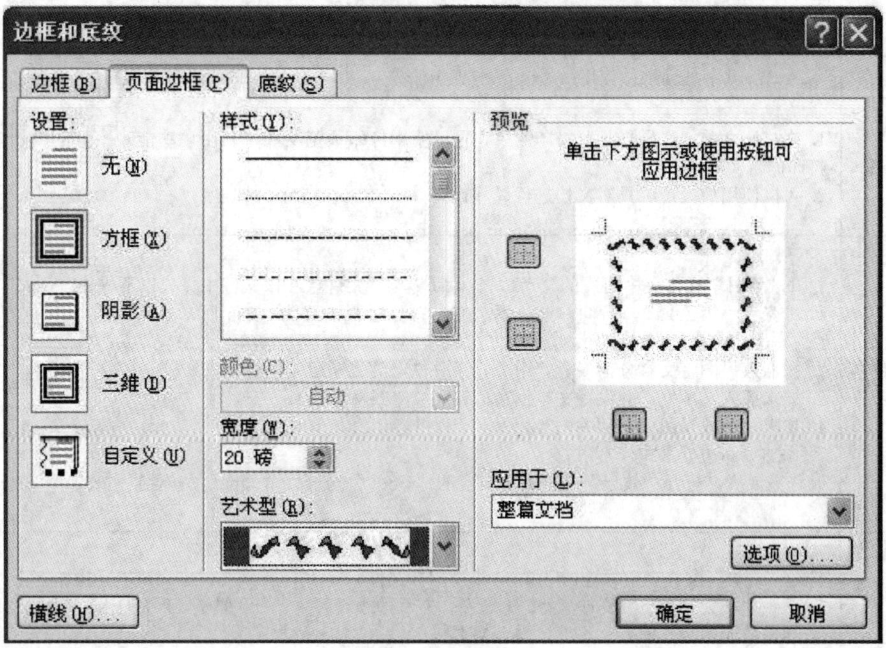

图 2-112

排版完后的效果如图 2-113 所示。

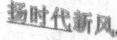

图 2-113

五、任务工作页

专业		授课教师	
工作项目	Word 字处理软件使用	工作任务	Word 图文混排综合应用
知识准备		1. 在打印之前，如果想预览打印效果，可以使用打印预览功能，利用该功能观察到的文档效果，即打印的真实效果。 2. 可以使用放大镜工具对文档进行局部查看	
工作过程	基本项目	打开"素材"文件夹中对应的"1-8-2 公司宣传单"文件，在该文件中完成以下操作： 1. 纸张大小为 A4 纸，横向，上、下、左、右页边距设置为：2.6 厘米、2.6 厘米、2.5 厘米、2.5 厘米。 2. 按照效果图将文章分为二栏，中文介绍一栏，英文介绍一栏。 3. 要求插入文本框，并设置文本框边框和底纹（式样不限）。 4. 要求按照效果图插入相关图片。 5. 添加页面边框（式样不限）。 制作完成后，打开"效果"文件夹中对应的"1-8-2 公司宣传单.jpg"，查看制作效果	
	拓展项目	打开"素材"文件夹中对应的"1-8-3 小型招标文件.docx"，在该文件中完成以下操作： 1. 纸张大小为 A4 纸，横向，上、下、左、右页边距设置为：2.5 厘米、2.5 厘米、3 厘米、3 厘米。 2. 插入校徽图片；插入文本框，输入文本信息。	

工作过程	拓展项目	3. 标题文字设置为宋体、二号字、加粗，居中对齐；"招标编号：YNJX-201304-001"设置为宋体、四号字，居中对齐；"招标文件"设置为宋体、小一号字，居中对齐。 4. 插入两行三列的表格，输入文本信息。 5. 将"中国·＊＊市"、"二〇一六年四月"设置为宋体、小三号字、居中对齐。 6. 将"＊＊＊＊学校F幢学生宿舍建设招标公告"设置为宋体、小三号字，居中对齐；将"招标人"、"招标代理机构"、"1、招标内容"、"2、报名条件："、"3、开标地点及时间："设置为宋体、小四号字、加粗、左对齐。 7. 其余文字设置为宋体、五号字。 8. 插入页眉"＊＊学校F幢学生宿舍建设招标文件"，设置字体为宋体、五号字、加粗、居中。 9. 添加水印效果，输入文字"仅作教学使用"。 制作完成后，打开"效果"文件夹中对应的"1-8-3 小型招标文件.jpg"文件，查看制作的效果

	评价项目	评价项目及权重	权重	学生自评（30分）	教师评价（70分）	小计
项目评价	职业素质及学习能力	1. 按时完成项目	0.4			
		2. 遵守纪律				
		3. 积极主动、勤学好问				
		4. 组织协调能力（用于分组教学）				
	专业能力及创新意识	1. 完成指定要求后有实用性拓展	0.3			
		2. 完成指定要求后有美观性拓展				
	安全及环保意识	1. 按要求使用计算机及实训设备	0.3			
		2. 按要求正确开、关计算机				
		3. 实训结束按要求整理实训相关设备				
		4. 爱护机房环境卫生				
	总分					
	教师总结					

项目 2.2　Excel 电子表格软件使用

任务 2.2.1　学生成绩表的输入、编辑

一、任务要求

1. 打开 Excel，在 Sheet1 中从 A1 开始按图 2-114 的内容输入学生成绩表。

2. 输入完成后，复制数据表到 Sheet2 中，以下操作均在 Sheet2 中完成。

3. 在第一行前插入 1 个空行，在 A1 中输入数据表标题"期中考试成绩表"，并在数据表所占列范围内设置"合并后居中"，字体字号为黑体 18 号。

4. 表格标题以外的所有字体字号均设为楷体 14 号，水平方向分散对齐，垂直方向居中对齐，所有成绩（C3：G10）水平方向及垂直方向都居中对齐。

5. 设置列标题：为列标题（A2：G2）设置单元格底纹为"蓝色"，字体颜色改为白色并加粗。

6. 设置行高列宽：2～10 行行高为 24，A、B 列设为"自动调整列宽"，其余列列宽为 9。

7. 设置表格线：为数据表（A2：G10）添加表格线，内框为深红色细线，外框为深蓝色粗线。

8. 设置条件格式：各科成绩不及格的（即 C3：E10 区域）设置为"浅红填充色深红色文本"。

9. 保存为"2-1-1 学生成绩表输入"。

二、任务分析

要完成本任务，应先了解 Excel 的操作界面，通过输入数据掌握不同类型数据的输入方法；通过对已输入数据的编辑掌握单元格格式化的方法；通过数据的打印输出操作掌握工作表的页面设置操作。

三、任务实施的路径与步骤

顺序	实施内容	达到效果
1	输入数据	按要求应用技巧输入数据
2	格式化数据	对输入的数据进行格式化

四、任务实施

1. 输入数据

（1）打开 Excel，在 Sheet1 中从 A1 开始输入如图 2-114 所示的学生成绩表。

	A	B	C	D	E	F	G
1	学号	姓名	语文	数学	英语	总分	平均分
2	05160101	陈国兴	70	89	91		
3	05160102	刘云	91	87	98		
4	05160103	李一帆	68	76	89		
5	05160104	王涛	48	82	72		
6	05160105	张斌	84	92	75		
7	05160106	杨芳	73	45	60		
8	05160107	周飞	70	50	36		
9	05160108	赵云鹏	80	69	48		

图 2-114

（2）输入学号时选中 A2，右键在快捷菜单中打开【设置单元格格式】对话框，选择【数字】选项卡，将数字类型设置为"文本"，如图 2-115 所示；再输入第一位同学的学号，通过鼠标拖动填充柄向下拖动至 A9，填充完所有同学的学号。

（3）输入其他数据，输入完成后复制数据表（A1：G9）到"Sheet2"中，以下操作均在 Sheet2 中完成。

（4）在第一行前插入一个空行：单击行号 1 选中第一行，单击右键在打开的快捷菜单选中【插入】命令，如图 2-116 所示。

100

图 2-115

（5）在 A1 中输入表格标题"期中考试成绩"，选中 A1～G1，在【开始】功能区【对齐方式】组中单击【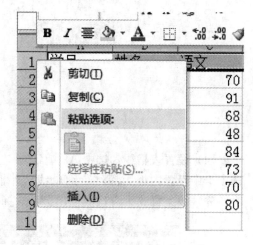】（合并后居中）按钮，并设置表格标题为黑体，18 号。

（6）选中整个表格（标题除外），设置为楷体、14 号。

2. 设置格式

（1）设置对齐方式：选中 A2：G10，单击右键打开【设置单元格格式】对话框，在【对齐】选项卡中将所有文字设置为水平方向分散对齐，垂直方向居中对齐，如图 2-117 所示，选中所有分数（即 C3：G10），设置水平方向及垂

图 2-116

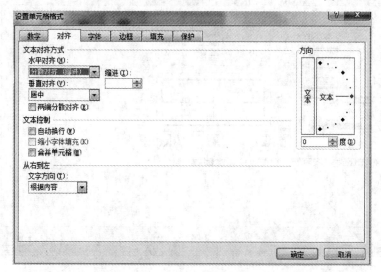

图 2-117

直方向均居中对齐。

（2）设置底纹：选中 A2：G2，右击打开【设置单元格格式】对话框，在【填充】选项卡中设置颜色为"蓝色"，并将文字加粗，字体颜色改为"白色"。

（3）设置行高列宽：选中 2～10 行，右击打开快捷菜单设置行高为"24"，拖动列号选中 A、B 两列，选中【开始】功能区【单元格】组【格式】按钮中的"自动调整列宽"，调整 A、B 列为最合适的列宽，如图 2-118 所示；选中其余列（C～G 列），右击打开快捷菜单设置选中列宽设置为"9"。

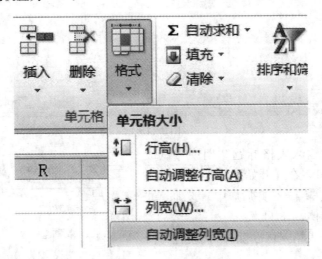

图 2-118

（4）设置表格线：选中 A2：G10，右击打开【设置单元格格式】对话框，在【边框】选项卡中设置内框为深红色细单线，外框为深蓝色粗线，如图 2-119 所示。设置边框线时，先选线条样式，再选颜色，最后选择边框类型，操作时注意观察预览图。

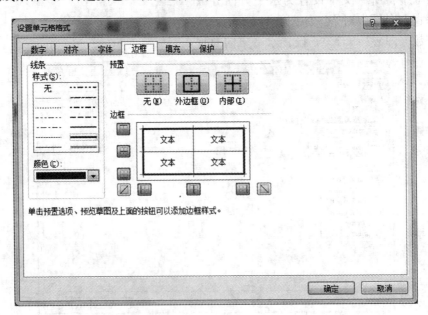

图 2-119

（5）设置条件格式：设置各科不及格的突出显示，选中各科分数（即 C3：E10），选用【开始】功能区【样式】组【条件格式】按钮下的【突出显示单元格规则】中的【小于…】，在打开的【小于】对话框中，设置单元格数值小于 60 的以"浅红填充色深红色文本"突出显示，如图 2-120 所示。

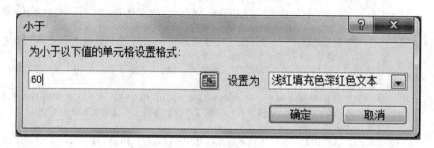

图 2-120

（6）保存为"2-1-1 学生成绩表输入"。

3. 完成效果（图 2-121）

	A	B	C	D	E	F	G
1	期中考试成绩表						
2	学　　　号	姓　　名	语　文	数　学	英　语	总　分	平均分
3	05160101	陈国兴	70	89	91		
4	05160102	刘　云	91	87	98		
5	05160103	李一帆	68	76	89		
6	05160104	王　涛	48	82	72		
7	05160105	张　斌	84	92	75		
8	05160106	杨　芳	73	45	60		
9	05160107	周　飞	70	50	36		
10	05160108	赵云鹏	80	69	48		

图 2-121

五、任务工作页

专业		授课教师	
工作项目	Excel 电子表格软件使用	工作任务	数据输入及格式化
知识准备	1. 单元格：工作表的行列交汇处的区域，是 Excel 中的基本存储单元，大小可改变。当前单元格：在制表区中，被一个黑框围住的单元格叫当前单元格，也叫活动单元格，从键盘上输入数据总是被送往活动单元格。 2. 单元格地址：单元格地址是唯一的，由该单元格的列号和行号组成，如 A1、J12。单元格区域用"左上角单元格地址：右下角单元格地址"表示。		

知识准备		3. 工作表：由许多单元格排列在一起构成。行号为数字，列号为字母。当前工作表：单击相应的工作表标签可使之成为当前工作表。 4. 工作簿：一个工作簿是一个 Excel 文件（扩展名为 .xlsx），由多张工作表组成，默认 3 个，即 Sheet1、Sheet2、Sheet3，数量可增减，名称可改。 5. 数据输入：在单元格中输入内容时，单击选中单元格输入即可；若需修改单元格中的部分内容，则双击单元格，定位光标进行修改。 6. 特殊数据的输入：负数：加（）；分数：加 0 空格；日期：用 "/ 或 . 或-" 分隔；数值型文本：如电话号码、身份证号码、学号，先将单元格数字类型设置为 "文本" 后再输入。 7. 用 "填充句柄" 填充有规律变化的数据。比如星期、日期、月份、有变化规律的数字序列等，还可以根据自己的需要自定义填充序列。 8. 调整行高/列宽：将光标移动到行/列号中间的分隔线上，鼠标变成双箭头状拖动即可调整单元格的行高/列宽。精确调整可使用【开始】功能区 |【格式】下拉按钮 |【行高】/【列宽】命令。 9. 通过【开始】功能区或右键都可以打开【设置单元格格式】对话框，该对话框包含【数字】【对齐】【字体】【边框】【填充】【保护】选项卡，整合了设置单元格格式的相关操作，是在设置数据表格式时常用的对话框
工作过程	拓展项目	之前在 Word 中制作过课程表，通过本任务的学习请同学们把自己的课程表用 Excel 制作出来

	评价项目	评价项目及权重	权重	学生自评 （30分）	教师评价 （70分）	小计
项目评价	职业素质及 学习能力	1. 按时完成项目	0.4			
		2. 遵守纪律				
		3. 积极主动、勤学好问				
		4. 组织协调能力（用于分组教学）				
	专业能力及 创新意识	1. 完成指定要求后有实用性拓展	0.3			
		2. 完成指定要求后有美观性拓展				
	安全及环 保意识	1. 按要求使用计算机及实训设备	0.3			
		2. 按要求正确开、关计算机				
		3. 实训结束按要求整理实训相关设备				
		4. 爱护机房环境卫生				
		总分				
	教师总结					

任务 2.2.2　学生基本情况表的输入、编辑及打印

一、任务要求

1. 打开 Excel，在 Sheet1 中按图 2-122 输入学生基本情况表，用自动填充功能输入序号、学号及部分重复数据，输入身份证前要求先设置数据有效性。

2. 输入完成后，复制一份到 Sheet2 中，并将工作表名改为 "格式化学生基本情况表"，以下操作在该工作表中完成。

3. 在第一行前插入一空行，在 A1 中输入标题 "新生情况表"，在表格范围内设置

"合并后居中"，设置表格标题为黑体 18 号，其余为宋体 12 号。

4. 设置 2～12 行行高为 20；列宽均设置为"自动调整列宽"。

5. 表格列标题（A2：J2）加粗，设置为居中对齐，加上"橙色，淡色 40％"底纹。

6. 为数据表加上蓝色双线外框，橙色单线内框。

7. 设置纸张大小为 A4，方向横向，页边距为"宽"，并在打印预览中观察打印效果。

8. 保存为"2-2-1 学生基本情况表"。

二、任务分析

要完成本任务，应先了解 Excel 的操作界面，通过输入数据掌握不同类型数据的输入方法；通过对已输入数据的编辑掌握单元格格式化的方法；通过数据的打印输出操作掌握工作表的页面设置操作。

三、任务实施的路径与步骤

顺序	实施内容	达到效果
1	输入数据	按要求输入数据
2	格式化数据	对数据进行格式化
3	打印预览	在打印预览中查看效果

四、任务实施

1. 输入数据

（1）打开 Excel，在 Sheet1 中从 A1 开始按图 2-122 输入数据，先输入列标题，使用键盘方向键切换单元格。

序号	姓名	学号	性别	民族	户籍所在省	户籍所在市	身份证号	政治面貌	入学成绩
1	马华	11130501	男	回	云南	大理	533022199607072256	团员	458
2	陈和	11130502	男	汉	云南	临沧	532929199703211124	群众	520
3	郭子琪	11130503	女	汉	云南	保山	532925199706011002	团员	421
4	李峰	11130504	男	白	云南	昭通	532901199703051179	群众	509
5	高云山	11130505	男	汉	云南	玉溪	532932199508261102	团员	409
6	胡至国	11130506	男	汉	云南	红河	532923199801142383	群众	386
7	林敬	11130507	女	汉	云南	昆明	532926198805070165	团员	498
8	王芸	11130508	女	汉	云南	曲靖	533523199711301235	群众	523
9	杨鑫	11130509	男	白	云南	丽江	533023199604221018	团员	411
10	李婷	11130510	女	汉	云南	思茅	532101199605112956	团员	392

图 2-122

（2）输入序号 1 和 2 后，选中 A2：A3，拖动填充句柄（即右下角小黑点，也称填充柄）至 A11，如图 2-123 所示；以同样的方法输入学号。

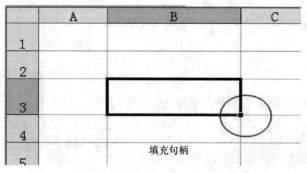

填充句柄

图 2-123

（3）输入其他数据，在输入身份证前，先选中存放身份证号的单元格区域（H2：H11），右击打开【设置单元格格式】对话框，在【数字】选项卡中将数字类型设置为"文本"，如图 2-124 所示。

图 2-124

（4）为避免输入身份证号时位数出错，在输入之前，先设置身份证号码数据的有效性，保持选择不变（H2：H11），使用【数据】功能区下【数据有效性】按钮打开【数据有效性】对话框，设置身份证号码长度为 18 位，若输入数据不符合要求则弹出出错警告，如图 2-125、图 2-126 所示。当输入的身份证号码位数不对时，将弹出出错警告。

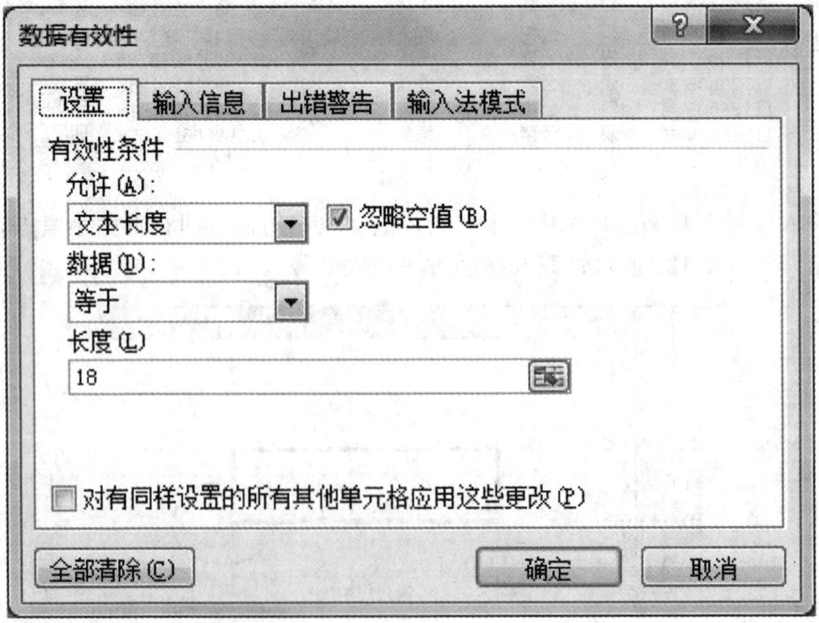

图 2-125

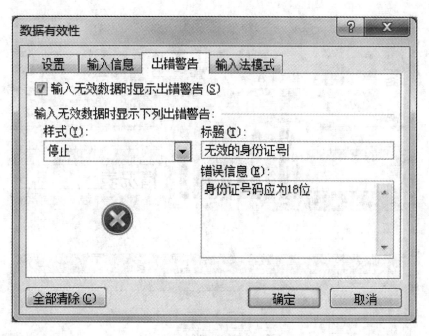

图 2-126

（5）输入其他数据。

2. 设置格式

（1）复制数据表到 Sheet2 工作表中，并将工作表改名为"格式化学生基本情况表"。

（2）选中行号"1"，单击右键，在弹出的快捷菜单中单击"插入"，在第一行前插入一空行，选中 A1，输入"新生情况表"，选中 A1：J1 后单击【开始】功能区【国】按钮（合并后居中），使表格标题在 A1：J1 范围内居中，并设置为黑体，18号字。

（3）设置数据表其余内容（A2：J12）的字体字号分别为宋体、12 号。

（4）设置行高、列宽：拖动行号 2～12 选中 2～12 行，右击选择"行高"，设置行高为 20；拖动列号 A～J 选中 A～J 列，在【开始】功能区【单元格】组【格式】按钮中选择【自动调整列宽】，设置 A～J 列为最合适的列宽。

（5）选中数据表的列标题（A2：J2），加粗，设置为居中对齐，并通过【开始】功能区【🖌·】（填充颜色）按钮添加"橙色，淡色 40％"底纹，如图 2-127 所示。

（6）选中单元格区域 A2：J12，在右击打开的【设置单元格格式】对话框的【边框】选项卡中设置外框为蓝色双线，内框为橙色单线，如图 2-128 所示。

（7）完成效果如图 2-129 所示。

3. 页面布局及打印预览

（1）通过【页面布局】选项卡【纸张方向】设置纸张方向为"横向"，【纸张大小】设置为"A4"，【页边距】为"宽"。

（2）使用【打印预览】功能查看表格打印输出的效果，如图 2-130 所示。

（3）保存为"2-2-1 学生基本情况表"。

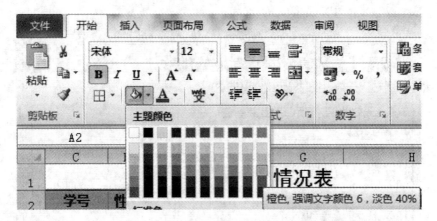

图 2-127

图 2-128

	A	B	C	D	E	F	G	H	I	J
1						新生情况表				
2	序号	姓名	学号	性别	民族	户籍所在省	户籍所在市	身份证号	政治面貌	入学成绩
3	1	马华	11130501	男	回	云南	大理	533022199607072256	团员	458
4	2	陈和	11130502	男	汉	云南	临沧	532929199703211124	群众	520
5	3	郭子琪	11130503	女	汉	云南	保山	532925199706011002	团员	421
6	4	李峰	11130504	男	白	云南	昭通	532901199703051179	群众	509
7	5	高云山	11130505	男	汉	云南	玉溪	532932199508261102	团员	409
8	6	胡至国	11130506	男	汉	云南	红河	532923199801142383	群众	386
9	7	林敏	11130507	女	汉	云南	昆明	532926199805070165	团员	498
10	8	王芸	11130508	女	汉	云南	曲靖	533523199711301235	群众	523
11	9	杨鑫	11130509	男	白	云南	丽江	533023199604221018	团员	411
12	10	李婷	11130510	女	汉	云南	思茅	532101199605112956	团员	392

图 2-129

新生情况表

序号	姓名	学号	性别	民族	户籍所在省	户籍所在市	身份证号	政治面貌	入学成绩
1	马华	11130501	男	回	云南	大理	533022199607072256	团员	458
2	陈和	11130502	男	汉	云南	临沧	532929199703211124	群众	520
3	郭子琪	11130503	女	汉	云南	保山	532925199706011002	团员	421
4	李峰	11130504	男	白	云南	昭通	532901199703051179	群众	509
5	高云山	11130505	男	汉	云南	玉溪	532932199508261102	团员	409
6	胡至国	11130506	男	汉	云南	红河	532923199801142383	群众	386
7	林敏	11130507	女	汉	云南	昆明	532926199805070165	团员	498
8	王芸	11130508	女	汉	云南	曲靖	533523199711301235	群众	523
9	杨鑫	11130509	男	白	云南	丽江	533023199804221018	团员	411
10	李婷	11130510	女	汉	云南	思茅	532101199605112956	团员	392

图 2-130

五、任务工作页

专业		授课教师	
工作项目	Excel 电子表格软件使用	工作任务	数据输入及格式化
知识准备	1. 一次在多个单元格中输入相同内容：按住"Ctrl"键选中要输入相同内容的单元格，输入完成后按"Ctrl＋Enter"确认。 2. 条件格式：可以使选定范围内符合条件的数据按指定格式突出显示，便于对数据进行有效的分析查找。选定查找范围后，使用【开始】功能区的【条件格式】按钮进行设置，设置好之后还可以通过该按钮对已有的规则格式进行修改和删除。 3. 数据有效性：数据有效性的设置，可以避免出现一些输入错误，也可以通过提供内容阵列，限定输入值，使用户在已经制作好的表格中输入数据时提高输入的准确性和效率，比如限定身份证号码为18位文本，限定分数范围为0～100之间，政治面貌为"团员"、"党员"、"群众"、"其他民主党派"等		

工作过程	拓展项目	参照学生情况表制作单位职工情况表，想想看需要哪些信息				
项目评价	评价项目	评价项目及权重	权重	学生自评 （30分）	教师评价 （70分）	小计
	职业素质及 学习能力	1. 按时完成项目	0.4			
		2. 遵守纪律				
		3. 积极主动、勤学好问				
		4. 组织协调能力（用于分组教学）				
	专业能力及 创新意识	1. 完成指定要求后有实用性拓展	0.3			
		2. 完成指定要求后有美观性拓展				

评价项目	评价项目及权重	权重	学生自评 (30 分)	教师评价 (70 分)	小计
安全及环保 意识	1. 按要求使用计算机及实训设备 2. 按要求正确开、关计算机 3. 实训结束按要求整理实训相关设备 4. 爱护机房环境卫生	0.3			
	总分				

（项目评价在左侧竖排）

教师总结	

任务 2.2.3　学生成绩表的简单计算

一、任务要求

1. 打开"素材"文件夹对应的"2-3-1 学生成绩表简单计算"，用公式和函数计算总分、平均分。

2. 在数据表后增加四列，列标题为"操行分"、"总评"、"是否合格"、"等级"，输入操行分：90、95、80、86、75、90、65、85；按平均分占 70%，操行占 30% 的算法用公式求出总评。

3. 用 IF 函数求出"是否合格"，总评成绩大于等于 60 显示"是"，否则显示"否"；用 IF 函数求出"等级"，总评成绩大于等于 80 显示"优秀"，小于 80 大于等于 60 显示"及格"，否则（小于 60）显示"不及格"。

4. 重新调整数据表标题合并居中效果，调整数据表新增内容的字体、底纹，表格线等格式，和原表保持一致，并修改纸张方向为"横向"，在打印预览状态下查看，设置表格水平居中。

5. 保存为"2-3-1 学生成绩表简单计算"。

二、任务分析

通过完成本任务，掌握 Excel 中公式和函数的概念，了解两者的区别，并能熟练使用简单的公式及常用的函数。

三、任务实施的路径与步骤

顺序	实施内容	达到效果
1	求总分、平均分	熟悉单元格的地址，正确熟练计算
2	求总评、最高分、最低分	区别公式与函数，熟悉常用函数

四、任务实施

1. 计算前准备

打开的素材"2-3-1 学生成绩表简单计算"，如图 2-131 所示。

2. 计算数据

（1）用公式计算第一位同学的总分：选中存放其总分的单元格 F3，输入公式"＝C3＋D3＋E3"，回车确认求出总分为"250"。为避免出错，C3、D3、E3 单元格地址的输入建

期中考试成绩表

学　　　号	姓　　名	语　文	数　学	英　语	总　分	平　均　分
05160101	陈 国 兴	70	89	91		
05160102	刘　　云	91	87	98		
05160103	李 一 帆	68	76	89		
05160104	王　　涛	48	82	72		
05160105	张　　斌	84	92	75		
05160106	杨　　芳	73	45	60		
05160107	周　　飞	70	50	36		
05160108	赵 云 鹏	80	69	48		

图 2-131

议通过选取单元格送入，而不宜直接输入，以下涉及类似操作时皆同。

（2）用公式计算第一位同学的平均分：选中存放其平均分的单元格 G3，输入公式"＝F3/3"，回车确认求出平均分为"83.333"。

（3）用函数计算第二位同学的总分：选中存放其总分的单元格 F4，通过【开始】功能区的【求和】按钮选择"求和"（也可通过【公式】功能区下的【自动求和】按钮），如图 2-132 所示，出现求和函数 SUM（）后，拖动选中 C4：E4 单元格区域，设置求和函数的参数，如图 2-133 所示，回车确认后得到第二位同学的总分为"276"。

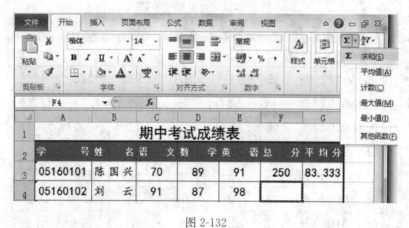

图 2-132

图 2-133

（4）用函数计算第二位同学的平均分：选中存放第二位同学平均分的单元格 G4，通过【开始】功能区中【求和】下拉按钮选择"平均值"（也可通过【公式】功能区下【自动求和】按钮操作），出现求平均函数 AVERAGE（ ）后，拖动选中 C4：E4 单元格区域，设置函数的参数，即函数设置为 AVERAGE（C4：E4），如图 2-134 所示，回车确认得到第二位同学的平均分为"92"。

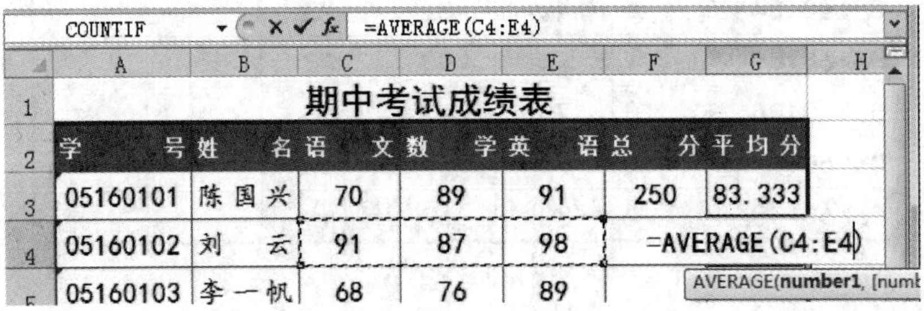

图 2-134

（5）用填充柄复制公式得到其他同学的总分、平均分：选中第二位同学的总分和平均分（F4：G4），拖动右下角的填充柄至 G10 以复制函数得到其他同学的总分、平均分，如图 2-135所示。

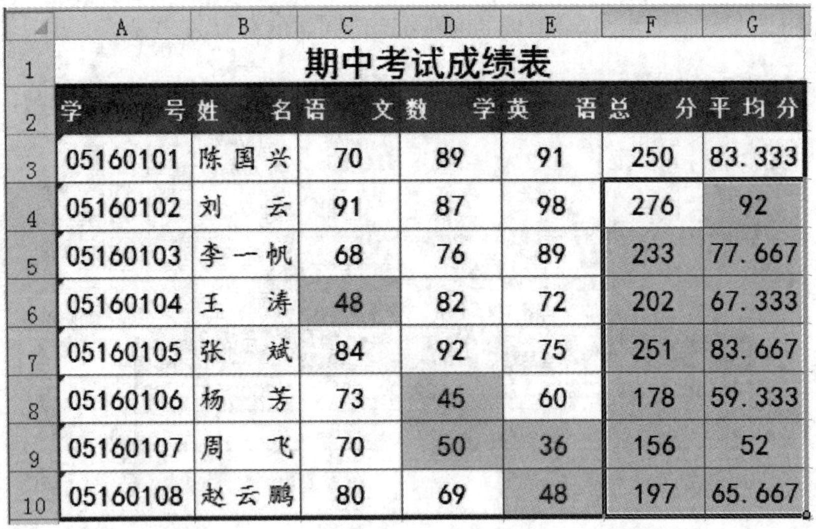

	A	B	C	D	E	F	G
1	期中考试成绩表						
2	学　　号	姓　　名	语　文	数　学	英　语	总　分	平均分
3	05160101	陈国兴	70	89	91	250	83.333
4	05160102	刘　云	91	87	98	276	92
5	05160103	李一帆	68	76	89	233	77.667
6	05160104	王　涛	48	82	72	202	67.333
7	05160105	张　斌	84	92	75	251	83.667
8	05160106	杨　芳	73	45	60	178	59.333
9	05160107	周　飞	70	50	36	156	52
10	05160108	赵云鹏	80	69	48	197	65.667

图 2-135

（6）设置小数位数：选中所有同学的平均分（G3：G10），右击打开【设置单元格格式…】对话框，使用【数字】选项卡设置数字类型为"数值"，小数位数为 0，也可使用【开始】选项卡中的"减少小数位数"按钮【 】进行设置，如图 2-136所示。

（7）在数据表右侧增加四列：在 H2：K2 中依次输入"操行分"、"总评"、"是否合格"、"等级"。

（8）在"操行分"列依次输入 7 位同学的操行分 90、95、80、86、75、90、65、85，如图 2-137所示。

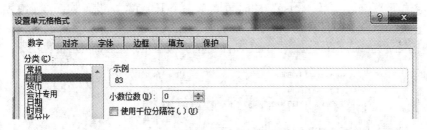

图 2-136

期中考试成绩表

学 号	姓 名	语文	数学	英语	总分	平均分	操行分	总评	是否合格	等级
05160101	陈国兴	70	89	91	250	83	90	85		
05160102	刘 云	91	87	98	276	92	95	93		
05160103	李一帆	68	76	89	233	78	80	78		
05160104	王 涛	48	82	72	202	67	86	73		
05160105	张 斌	84	92	75	251	84	75	81		
05160106	杨 芳	73	45	60	178	59	90	69		
05160107	周 飞	70	50	36	156	52	65	56		
05160108	赵云鹏	80	69	48	197	66	85	71		

图 2-137

（9）"总评"列的数据通过公式计算获得，总评分为平均分占 70%，操行分占 30%，即在 I3 中输入公式"＝G3＊0.7＋H3＊0.3"后回车，设置所有总评成绩的小数位数为 0，选中 I3，拖动填充句柄至 I10 得到所有同学的总评。

（10）用 IF 函数求出"是否合格"，总评成绩大于等于 60 显示"是"，否则显示"否"。选中 J3，选中 IF 函数，设置如图 2-138 所示。

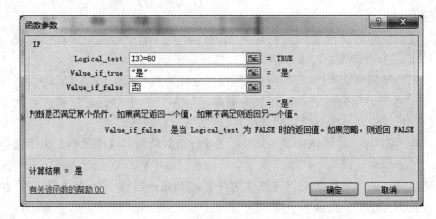

图 2-138

（11）用 IF 函数求出"等级"，总评成绩大于等于 80 显示"优秀"，小于 80 大于等于 60 显示"及格"，否则（小于 60）显示"不及格"。选中 K3，选中 IF 函数，设置如图 2-139 所示，光标定位于"Value_if_false"中时再嵌套一个 IF 函数，设置如图 2-140 所示。

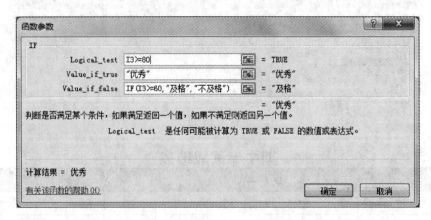

图 2-139

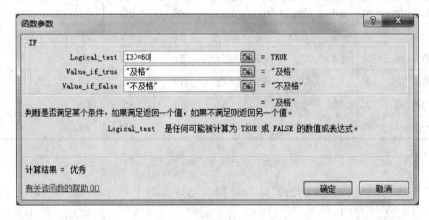

图 2-140

（12）选中 J3：K3 复制，再选中 J4：K10，单击右键选中粘贴选项中的公式，得到其他结果。

3. 设置格式

（1）设置表格标题在改变后的数据表范围内合并后居中：选中 A1～I1，在【开始】功能区通过【　】按钮重新设置表格标题"合并后居中"的效果。

（2）根据情况调整新增列（"操行分"及"总评"列）的字体格式，即设置列标题为黑体、14 号、水平方向分散对齐，其余为楷体、14 号、居中对齐，并修改数据表的表格线（深红色细单线内框，深蓝色粗线外框），以维持原表的格式。

（3）表格行高 24 不变，选中 A～I 列，在【开始】功能区【单元格】组中【格式】下拉按钮中的"自动调整列宽"修改列宽（也可以通过选中列后双击列边线完成设置）。

（4）通过【页面布局】功能区【纸张方向】按钮修改纸张方向为"横向"，在打印预览状态下查看，并设置表格水平居中。

（5）保存为"2-3-1 学生成绩表简单计算"，效果如图 2-141 所示。

期中考试成绩表

学　　号	姓　名	语文	数学	英语	总分	平均分	操行分	总评
05160101	陈国兴	70	89	91	250	83	90	85
05160102	刘　云	91	87	98	276	92	95	93
05160103	李一帆	68	76	89	233	78	80	78
05160104	王　涛	48	82	72	202	67	86	73
05160105	张　斌	84	92	75	251	84	75	81
05160106	杨　芳	73	45	60	178	59	90	69
05160107	周　飞	70	50	36	156	52	65	56
05160108	赵云鹏	80	69	48	197	66	85	71

图 2-141

五、任务工作页

专业		授课教师	
工作项目	Excel 电子表格软件使用	工作任务	数据计算
知识准备	<p>1. 公式：在工作表中对数据进行计算和分析的式子，可以引用同一工作表、同一工作簿，甚至其他工作簿中的单元格，对数据进行运算。</p><p>2. 公式的组成：以 "=" 开头，算术式子、函数，如：=A1+5。</p><p>3. 函数：由 Excel 定义，用户可以直接使用的公式。</p><p>4. 函数的组成：由函数名及其参数组成，形式为：函数名（参数），如：SUM（a1：b2）。</p><p>5. 使用公式的步骤：选定存放结果的单元格→以 "=" 开头，输入公式，可直接单击相应单元格→输入完成，按 Enter→如有必要用填充句柄复制公式以计算其他。</p><p>6. 除用填充柄复制公式外，还可以使用选择性粘贴来复制公式，后者可以选择复制公式的同时不复制格式。</p><p>7. 常用运算符（按优先级高到低排列）。</p>		

运算符	功能	示例
—	负号	—3，—A1
%	百分数	5%（即 0.05）
^	乘方	5^2（即 5^2）
*，/	乘、除	5*3，5/3
+，—	加、减	5+3，5—3
&	字符串连接	"CHINA" & "2000"（即 "CHINA2000"）
=，<>	等于、不等于	5=3 的值为假，5<>3 的值为真
>，>=	大于、大于等于	5>3 的值为假，5>=3 的值为真
<，<=	小于、小于等于	5<3 的值为真，5<=3 的值为真

8. 单元格中显示的是公式计算的结果，编辑栏中显示的是公式本身，查看、修改公式可在编辑栏中进行。

9. 使用函数的步骤：选定要存放结果的单元格→单击【编辑栏】功能区【编辑公式】按钮 f_x；或【公式】功能区【插入函数】按钮→选取函数→根据提示操作→如有必要拖动填充句柄复制。

知识准备		10. 常用函数： SUM 计算所有参数数值的和； SUMIF 计算符合指定条件的单元格区域内的数值和； AVERAGE 求出所有参数的算术平均值； MOD 求出两数相除的余数； PRODUCT 所有参数的数字相乘； MAX/MIN 求一组数中的最大值/最小值； ABS 求出相应数字的绝对值； INT（A1）取不大于数值 A1 的最大整数； ROUND（A1，A2）对 A1 进行四舍五入，保留 A2 位小数； ISODD 判断其参数是不是奇数，是奇数就返回 TRUE，否则返回 FASLE； COUNT（A1，A2，…）求各参数中数值型参数和包含数值的单元格个数； COUNTIF 统计某个单元格区域中符合指定条件的单元格数目； FREQUENCY 以一列垂直数组返回某个区域中数据的频率分布； IF（P，T，F）若 P 为真，则取 T 表达式的值；否则，取 F 表达式的值； RANK. EQ 返回一个数字在一列数字中的排位； TODAY 给出系统日期； NOW 给出当前系统日期和时间； WEEKDAY 给出指定日期的对应的星期数； MID（text，start _ num，num _ chars）从一个文本字符串的指定位置开始，截取指定数目的字符； LEFT 从一个文本字符串的第一个字符开始，截取指定数目的字符； RIGHT 从一个文本字符串的最后一个字符开始，截取指定数目的字符； LEN 统计文本字符串中字符数目； CONCATENATE 将多个字符文本或单元格中的数据连接在一起，显示在一个单元格中； TEXT 根据指定的数值格式将相应的数字转换为文本形式； VALUE 将一个代表数值的文本型字符串转换为数值型； VLOOKUP 在数据表的首列查找指定的数值，并由此返回数据表当前行中指定列处的数值
工作过程	拓展项目	打开素材文件"素材"文件夹中对应的"2-3-2 学生基本情况表"文件： 1. 从身份证号码中提取出性别（第 17 位数字表示性别，奇数表示男性，偶数表示女性）（提示：使用 MID 函数提取出身份证号第 17 位，用 ISODD 函数做奇偶判断，最后用 IF 函数根据奇偶性得出性别）。 2. 从身份证号码中提取出生年月日。 方法一：用 MID 函数分别取得出生年、月、日，用"&"字符串连接符连接取出的值及"年"、"月"、"日"，或用 CONCATENATE 函数连接字符串，效果如图 2-142 所示。 图 2-142 方法二：使用【数据】功能区下【分列】功能获取出生年月日（YMD），再通过设置数据格式显示为生日。 3. 学习选择性粘贴，利用选择性粘贴复制公式，不会破坏原有的单元格格式。 4. 学习隐藏行列的操作，方法一中的列"月"、"日"在得出生日后可以隐藏，也可以用选择性粘贴的方法在取消公式和它们的关联后直接删除"月"、"日"列。

工作过程	拓展项目	5. 在"入学成绩"处添加三项箭头（【条件格式】下【图标集】中）表示成绩，并观察箭头走向与成绩的关系，效果如图 2-143 所示 **新生情况表** 图 2-143

新生情况表

序号	姓名	学号	性别	民族	户籍所在省	户籍所在市	身份证号	生日	政治面貌	入学成绩
1	马华	11130501	男	回	云南	大理	532901199607072256	7月7日	团员	⇨ 458
2	陈和	11130502	男	汉	云南	临沧	533500199703211134	3月21日	群众	⬆ 520
3	郭子琪	11130503	女	汉	云南	保山	533001199706011022	6月1日	团员	⬇ 421
4	李峰	11130504	男	白	云南	昭通	532101199703051179	3月5日	群众	⬆ 509
5	高云山	11130505	男	汉	云南	玉溪	532400199508261112	8月26日	群众	⬇ 409
6	胡至国	11130506	男	汉	云南	红河	532529199801142373	1月14日	群众	⬇ 386
7	林敏	11130507	女	汉	云南	昆明	530100199805070165	5月7日	团员	⬆ 498
8	王芸	11130508	女	汉	云南	曲靖	532200199711301265	11月30日	群众	⬆ 523
9	杨鑫	11130509	男	白	云南	丽江	533200199604221018	4月22日	团员	⬇ 411
10	李婷	11130510	女	汉	云南	思茅	532700199605112926	5月11日	团员	⬇ 392

	评价项目	评价项目及权重	权重	学生自评（30 分）	教师评价（70 分）	小计
项目评价	职业素质及学习能力	1. 按时完成项目	0.4			
		2. 遵守纪律				
		3. 积极主动、勤学好问				
		4. 组织协调能力（用于分组教学）				
	专业能力及创新意识	1. 完成指定要求后有实用性拓展	0.3			
		2. 完成指定要求后有美观性拓展				
	安全及环保意识	1. 按要求使用计算机及实训设备	0.3			
		2. 按要求正确开、关计算机				
		3. 实训结束按要求整理实训相关设备				
		4. 爱护机房环境卫生				
	总分					
	教师总结					

任务 2.2.4 职工工资情况表的计算

一、任务要求

1. 打开"素材"文件夹中对应的"2-4-1 职工工资情况表"文件，按要求对职工工资情况表进行计算。

2. 用字符串连接符"&"求出"籍贯"，籍贯即所在省 & 所在市。

3. 使用 IF 函数根据职称计算出"奖金"："助教"——奖金 300，"讲师"——奖金 500，"副教授"——奖金 700，"教授"——奖金 900。

4. 根据职工病事假情况求出"应扣金额"：病假按 30 元/天扣除，事假按 50 元/天扣除。

5. 用 IF 函数求出"所得税"：按个税 3500 元/月的起征标准算，超过 3500 元所得税为：（应发工资－3500）×3‰，低于 3500 元则所得税为 0。

6. 对"应发工资"列的数据设置条件格式：大于 3500 的添加"淡蓝"色底纹，小于 3000 时设置为"浅红填充深红色文本"。

7. 设置 A～O 列的列宽均为"自动调整列宽"。

二、任务分析

本任务计算的难度比前一任务有所增加，必须通过常用工具栏中【自动求和】按钮以外的常用函数才能完成，比如用到 IF 函数、IF 函数的嵌套使用，字符串运算符、公式和函数结合使用，而且要求学生应具备一定的常识及分析问题的能力。

三、任务实施的路径与步骤

顺序	实施内容	达到效果
1	较简单的计算	得出籍贯、应扣金额、应发工资
2	较复杂的计算	对奖金和所得税的计算
3	条件格式设置	能把需达到个税起征点的工资突出显示出来

四、任务实施

1. 数据计算

（1）根据所在省市得出籍贯：选中 E2，输入"＝C2&D2"，如图 2-144 所示，得到第一位职工的籍贯，选中用填充句柄拖动填充得到所有职工的籍贯。

![图 2-144 截图显示 COUNTIF 公式栏 =C2&D2，表格含编号、姓名、所在省、所在市、籍贯、职称列，第2行徐华广东中山=C2&D2讲师，第3行李凡云南大理讲师]

图 2-144

（2）求出奖金：选中 I2，输入"＝IF（F2＝"助教"，300，IF（F2＝"讲师"，500，IF（F2＝"副教授"，700，900）））"，如图 2-145 所示，共需要用到三个 IF 函数的嵌套，并使用填充句柄得到其他职工的奖金。注意函数中使用的标点符号应使用英文状态下的符号。

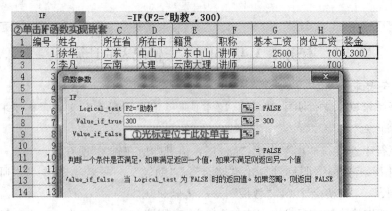

图 2-145

（3）求应扣金额：选中 L2，输入公式"＝J2＊30＋K2＊50"，并使用填充句柄得到其他值。

（4）求应发工资：应发工资＝基本工资＋岗位工资＋奖金－应扣金额，选中 M2，先用函数 SUM（G2：I2）求出基本工资、岗位工资、奖金的和，再减去应扣金额，即 M2 中公式为"＝SUM(G2：I2)－L2"，并使用填充句柄得到其他值。

（5）求所得税：选中 N2，输入"＝IF(M2>3500,(M2－3500)＊3％,0)"，用 IF 函数判断，如果应发工资大于 3500 元，所得税为超出部分的 3％，否则为 0，如图 2-146 所示。

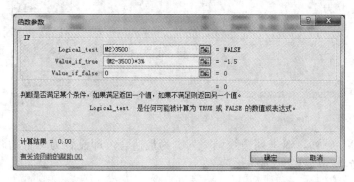

图 2-146

（6）求实发工资：选中 O2，输入"＝M2－N2"，即用应发工资减去所得税得到实发工资。拖动填充句柄以得到其他值。

2. 设置格式

（1）所得税及实发工资均设置为保留两位小数，选中 N2：O21，右击打开【设置单元格格式…】对话框，在【数字】选项卡中设置类别为"数值"，修改小数位数为 2。

（2）设置条件格式：选中所有职工的应发工资（M2：M21），通过【开始】功能区【样式】组【条件格式】下拉按钮中【突出显示单元格规则】下的【大于…】，如图 2-147 所示。打开【大于】对话框，设置单元格数值大于 3500 时为"自定义格式"，如图 2-148所示，在随后打开的【设置单元格格式】对话框中的【填充】选项卡中设置蓝色底纹。

（3）设置条件格式：保持选择不变，通过【开始】功能区【样式】组【条件格式】下拉按钮中【突出显示单元格规则】下的【小于…】，打开【小于】对话框，设置单元格数值小于 3000 时为"浅红填充深红色文本"，如图 2-149 所示。

图 2-147

图 2-148

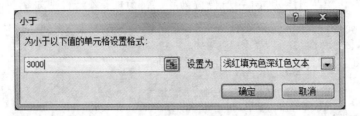

图 2-149

（4）选中 A~O 列，双击列边线调整列宽为最适合，即设置为"自动调整列宽"。

（5）最终效果如图 2-150 所示。

编号	姓名	所在省	所在市	籍贯	职称	基本工资	岗位工资	奖金	病假天数	事假天数	应扣金额	应发工资	所得税	实发工资
1	徐华	广东	中山	广东中山	讲师	2500	700	500		5	250	3450	0.00	3450.00
2	李凡	云南	大理	云南大理	讲师	1800	700	500			0	3000	0.00	3000.00
3	林鸿	云南	临沧	云南临沧	讲师	1800	700	500			0	3000	0.00	3000.00
4	钟建民	云南	保山	云南保山	助教	2000	600	300			0	2900	0.00	2900.00
5	林晓明	云南	昭通	云南昭通	讲师	2200	700	500			0	3400	0.00	3400.00
6	张梅	云南	红河	云南红河	讲师	1700	700	500			0	2900	0.00	2900.00
7	刘云梦	云南	保山	云南保山	副教授	1900	900	700			0	3500	0.00	3500.00
8	张国锡	云南	文山	云南文山	副教授	2300	900	700			0	3900	12.00	3888.00
9	赵鑫	云南	曲靖	云南曲靖	讲师	2500	700	500			0	3700	6.00	3694.00
10	钱东海	云南	大理	云南大理	助教	2500	600	300			0	3400	0.00	3400.00
11	吴丹	湖南	长沙	湖南长沙	讲师	2000	700	500			0	3200	0.00	3200.00
12	沈括	云南	丽江	云南丽江	副教授	2000	900	700		2	100	3500	0.00	3500.00
13	李斌	云南	昆明	云南昆明	教授	2200	1100	900			0	4200	21.00	4179.00
14	吴洁明	云南	大理	云南大理	讲师	2000	700	500			0	3200	0.00	3200.00
15	舒涛	云南	大理	云南大理	副教授	1800	900	700	3		90	3310	0.00	3310.00
16	郑晓	云南	大理	云南大理	副教授	2000	900	700			0	3600	3.00	3597.00
17	杨勇亮	云南	大理	云南大理	教授	2100	1100	900			0	4100	18.00	4082.00
18	王志明	云南	普洱	云南普洱	讲师	2200	700	500			0	3400	0.00	3400.00
19	吴军	云南	玉溪	云南玉溪	副教授	2200	900	700	1		30	3770	8.10	3761.90
20	杨明	云南	大理	云南大理	副教授	2100	900	700			0	3700	6.00	3694.00

图 2-150

五、任务工作页

专业			授课教师	
工作项目	Excel 电子表格软件使用		工作任务	数据计算
知识准备	1. 相对地址：会随目标单元格位置变化而变化的单元格地址，如 C5。 2. 绝对地址：不论目标单元格位置如何变化，都固定不变的单元格地址，如 C5。 3. 混合地址：以上两种的均有，如 C$5（行固定）、$C5（列固定）。 4. 函数的嵌套：根据需要 Excel 的函数可以多层嵌套，函数中也可以包含公式，公式中也可包含函数			
工作过程	拓展项目	打开"素材"文件夹中对应的"2-4-2 学生成绩表"文件，做以下操作： 1. 在相应位置求出总分（SUM）、平均分（AVERAGE）、名次（RANK. EQ）、等级（IF）（平均分＞＝90 为"优"，＞＝80 为"良"，＞＝70 为"中"，＞＝60 为"及格"，＜60 为"不及格"）。			

2. 在相应位置求出各科总分、平均分、最高分（MAX）、最低分（MIN）、各分数段人数（COUNTIF）、及格人数（COUNTIF）、及格率（及格人数除以总人数）及总人数（COUNT 或 COUNTA），平均分保留一位小数，及格率设置为保留一位小数的百分比格式。

3. 在第一行上方插入一空行，在 A1 单元格中输入"期末考试成绩表"为标题，并在 A1～K1 中合并居中。标题字体设置为宋体、加粗、16 号。

4. 设置表格列宽为 8（A～K 列），行高 20（2～17 行），单元格区域 A2：K17 设置水平和垂直方向都居中。

5. 条件格式设置：各科（D3：G17）成绩不及格的设置格式为字体红色加粗。

6. 选中表格（A2：K17），使用套用表格格式中的"中等深浅 16"，应用后第一行出现"自动筛选"，可使用【数据】功能区【筛选】按钮去除。

7. 为"平均分"列的数据（I3：I17）添加橙色实心数据条（【条件格式】下【数据条】中），效果如图 2-151 所示。

工作过程 | 拓展项目

期末考试成绩表

学号	姓名	班级	数学	语文	计算机	英语	总分	平均分	名次	等级
1397101	陈国忠	1班	90	85	90	93	358	89.5	2	良
1397102	刘云	2班	65	90	96	85	336	84.0	4	良
1397103	李一帆	3班	55	48	65	50	218	54.5	12	不及格
1397104	王涛	3班	78	78	76	56	288	72.0	10	中
1397105	张斌	2班	95	86	85	89	355	88.8	3	良
1397106	杨芳	3班	缺考	81	72	58	211	70.3	14	中
1397107	周雨墨	1班	80	80	77	72	309	77.3	8	中
1397108	徐华	2班	81	83	74	73	311	77.8	7	中
1397109	李凡	2班	75	89	80	79	323	80.8	5	良
1397110	林鸿	3班	73	79	83	80	315	78.8	6	中
1397111	钟建民	1班	74	65	86	82	307	76.8	9	中
1397112	林晓明	1班	86	85	92	99	362	90.5	1	优
1397113	张梅	3班	45	55	32	73	205	51.3	15	不及格
1397114	刘云梦	2班	60	73	45	40	218	54.5	12	不及格
1397115	张晓	1班	36	70	78	90	274	68.5	11	及格

各科总分			993	1147	1127	1123				
各科平均分			70.9	76.5	75.1	74.9				
各科最高分			95	90	96	99				
各科最低分			36	48	32	40				
90以上优			2	1	3	3				
80-89良			3	7	4	4				
70-79中			4	4	4	4				
60-69及格			2	1	1	0				
60以下不及格			3	2	2	4				
及格人数			11	13	13	11				
实考人数			14	15	15	15				
各科及格率			78.6%	92.9%	92.9%	78.6%				

图 2-151

8. 使用 FREQUENCY 函数求各分数段人数

	评价项目	评价项目及权重	权重	学生自评（30分）	教师评价（70分）	小计
项目评价	职业素质及学习能力	1. 按时完成项目	0.4			
		2. 遵守纪律				
		3. 积极主动、勤学好问				
		4. 组织协调能力（用于分组教学）				
	专业能力及创新意识	1. 完成指定要求后有实用性拓展	0.3			
		2. 完成指定要求后有美观性拓展				
	安全及环保意识	1. 按要求使用计算机及实训设备	0.3			
		2. 按要求正确开、关计算机				
		3. 实训结束按要求整理实训相关设备				
		4. 爱护机房环境卫生				

评价项目	评价项目及权重	权重	学生自评（30分）	教师评价（70分）	小计
	总分				
项目评价	教师总结				

任务 2.2.5 为学生成绩表添加图表

一、任务要求

1. 打开"素材"文件夹中对应的"2-5-1 学生成绩表图表"文件，如图 2-152 所示，按要求插入三个图表（饼图、折线图、柱形图）并进行编辑。

学号	姓名	语文	数学	英语	总分	平均分	操行分	总评
05160101	陈国兴	70	89	91	250	83	90	85
05160102	刘 云	91	87	98	276	92	95	93
05160103	李一帆	68	76	89	233	78	80	78
05160104	王 涛	48	82	72	202	67	86	73
05160105	张 斌	84	92	75	251	84	75	81
05160106	杨 芳	73	45	60	178	59	90	69
05160107	周 飞	70	50	36	156	52	65	56
05160108	赵云鹏	80	69	48	197	66	85	71

图 2-152

2. 插入饼图：使用"三维饼图"分析第一位同学的各科成绩情况（以第一位同学的各科成绩为源数据，即 B2：E3），设置图表标题为"陈国兴同学的成绩构成情况"，字体字号分别为黑体、16 号，图表的数据标签设置为显示"类别名称"、"值"、"百分比"、"显示引导线"，如图 2-153 所示。

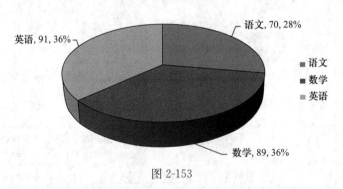

图 2-153

3. 插入折线图：使用"带数据标记的折线图"比较所有同学的平均分及操行分，在顶部显示图例，设置图表标题为"所有同学平均分及操行分比较"，字体字号分别为"黑体、16 号"，横坐标轴标题为"姓名"，添加数据标签"值"，如图 2-154 所示。

4. 修改折线图：复制一份以上的折线图，在粘贴得到的图表中进行修改，设置图表区颜色为纯色填充"白色，深色 15％"，绘图区颜色纯色填充为"橙色，淡色 60％"。根据数据分布情况（所有同学的平均分、操行分均在 50～100 分的范围之内），调整纵坐标轴刻度，设置刻度最大值为 100，最小值为 50，主要刻度为 5，并与修改前的折线图作对比，如图 2-155 所示。

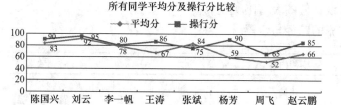

图 2-154

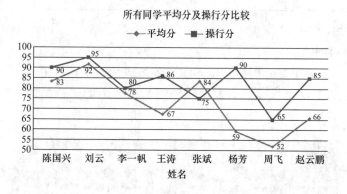

图 2-155

5. 插入柱形图：用"簇状柱形图"表示所有同学的各科成绩情况，图表标题为"所有同学各科成绩情况"，字体字号分别为"黑体、18号"，添加"模拟运算表"，设置纵坐标轴刻度最大值为100，主要刻度为10，修改"英语"数据系列的填充颜色为纯色填充"黑色，淡色50％"，使图表作为独占式图表显示，即移动图表位置单独放置在新工作表中，如图 2-156 所示。

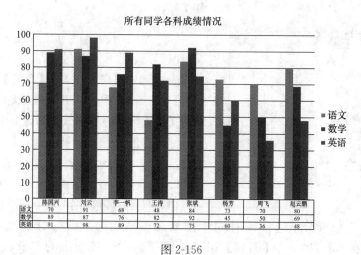

图 2-156

二、任务分析

通过完成本任务，认识图表的作用，掌握 Excel 中如何生成图表，初步学会选择合适的图表类型来对数据进行分析比较，能根据需要正确选择数据源，并能对图表进行简单的编辑及通过格式设置使图表清晰美观。

三、任务实施的路径与步骤

顺序	实施内容	达到效果
1	饼图	生成三维饼图，调整位置、大小，学会看图表，并能利用【图表工具】|【设计】、【布局】、【格式】功能区对图片进行修改
2	折线图	生成数据点折线图，学会美化图表，熟练使用【图表工具】|【设计】、【布局】、【格式】功能区
3	柱形图	生成独占式的柱形图

四、任务实施

1. 插入三维饼图

（1）使用"三维饼图"分析第一位同学的各科成绩情况，选中 B2：E3（注意包含列标题），选择【插入】功能区【图表】组【饼图】按钮中的"三维饼图"，插入图表，如图 2-157 所示。

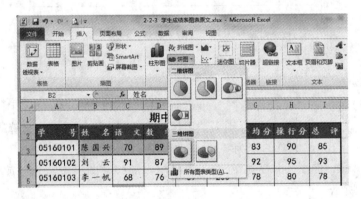

图 2-157

图 2-158

（2）修改图表标题为"陈国兴同学的成绩构成情况"，设置字体字号分别为黑体、16 号，选中图表，选中【图表工具】\|【布局】功能区【数据标签】下拉按钮中的"其他数据标签选项"，在打开的【设置数据标签格式】对话框中选择显示"类别名称"、"值"、"百分比"，标签位置设置为"数据标签外"，并显示引导线，如图 2-158 所示。

2. 插入折线图

（1）使用"带数据标记的折线图"比较所有同学的平均分及操行分：选中所有同学的姓名、平均分、操行分列（B2：B10，G2：H10），通过【插入】功能区【图表】组【折线图】下拉按钮中的"带数据标记的折线图"，插入图表。

（2）选择【图表工具】\|【布局】功能区【图表标题】按钮，在图表上方添加标题"所有同学平均分及操行分情况"，修改字体为"黑体"、字号"16 号"，并在【图例】按钮中设置"在顶部显示图例"。

（3）使用【图表工具】|【布局】功能区【坐标轴标题】按钮添加横坐标轴标题为"姓名"，如图 2-159 所示。

（4）选中【图表工具】|【布局】功能区【数据标签】下拉按钮中的"其他数据标签选项"，在打开的【设置数据标签格式】对话框中设置显示"值"。

（5）复制该折线图，粘贴一份在下方进行修改。选中"图表区"后，选择【图表工具】|【格式】功能区【形状填充】按钮设置图表区颜色为纯色填充"白色，深色 15％"，选中"绘图区"后，设置绘图区颜色纯色填充为"橙色，淡色 60％"。

（6）根据数据分布情况（该图中所有分数集中分布在 52～95 这个范围），选择【图表工具】|【布局】功能区【坐标轴】按钮下【主要纵坐标轴】|【其他主要纵坐标轴选项…】，在打开的【设置坐标轴格式】对话框中设置坐标轴刻度最小值为 50，最大值为 100，主要刻度为 5，如图 2-160 所示，设置完成后与修改前的折线图做对比。

图 2-159

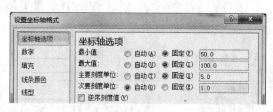
图 2-160

3. 插入柱形图

（1）用"簇状柱形图"表示所有同学的各科成绩情况：选中所有同学的各科成绩（即 B2：E10）后，选择【插入】功能区【图表】组【柱形图】按钮插入"簇状柱形图"。

（2）通过【图表工具】|【布局】功能区【图表标题】按钮在图表上方加入图表标题"所有同学各科成绩情况"，设置字体字号分别为"黑体、18 号"，并使用【模拟预算表】按钮在图表下方"显示模拟运算表"。

（3）选中图表，通过【图表工具】|【设计】功能区【移动图表】按钮，打开【移动图表】对话框进行设置，使图表在 Chart1 中成为一张独占式图表，如图 2-161 所示。

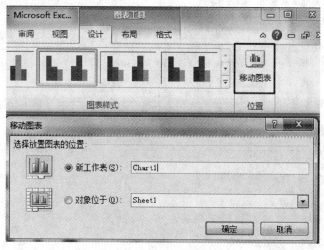
图 2-161

（4）调整纵坐标轴刻度：选择【图表工具】|【布局】功能区【坐标轴】按钮下【主要纵坐标轴】|【其他主要纵坐标轴选项…】，设置纵坐标轴刻度最大值为100，主要刻度为10。

（5）修改"英语"系列颜色：选中图表中"英语"系列，在【图表工具】|【格式】功能区【形状填充】下拉按钮选择"黑色，淡色50％"，如图2-162所示。

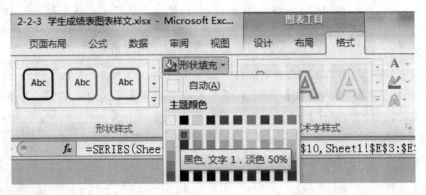

图 2-162

五、任务工作页

专业		授课教师	
工作项目	Excel 电子表格软件使用	工作任务	Excel 图表使用
知识准备		1. 图表的功能：将数据图形化，更直观地显示数据，便于对数据进行比较分析。 2. 常见的图表类型：柱形图、条形图、饼图、折线图、圆环图、面积图，各大类又分小类。 3. 创建图表：分析并选中数据源→【插入】功能区选择图表类型插入图表。 4. 修改图表：选中图表，使用【图表工具】下【设计】、【布局】、【格式】功能区进行设置及修改。 5. 图表位置：嵌入式（放在工作表中）和独占式（单独放置在新工作表中）。 6. 修饰图表外观：双击修改处或选中使用【图表工具】下【格式】功能区		

工作过程	拓展项目	尝试使用不同的图表类型比较数据，体会不同类型图表的用途					
项目评价	评价项目	评价项目及权重		权重	学生自评 （30分）	教师评价 （70分）	小计
	职业素质及 学习能力	1. 按时完成项目		0.4			
		2. 遵守纪律					
		3. 积极主动、勤学好问					
		4. 组织协调能力（用于分组教学）					
	专业能力及 创新意识	1. 完成指定要求后有实用性拓展		0.3			
		2. 完成指定要求后有美观性拓展					
	安全及环 保意识	1. 按要求使用计算机及实训设备		0.3			
		2. 按要求正确开、关计算机					
		3. 实训结束按要求整理实训相关设备					
		4. 爱护机房环境卫生					
		总分					
	教师总结						

任务 2.2.6　部分城市月平均气温分析

一、任务要求

1. 打开文件"素材"文件夹中对应的"2-6-1 部分城市月平均气温",如图 2-163 所示,按要求制作图表。

2. 制作柱形图表:制作"簇状柱形图"比较上半年各城市气温,图表标题为"2015 年上半年各城市月平均气温",黑体 16 号字,并根据数据情况,修改纵坐标轴最大值为 30,最小值为 20。

3. 设置图表格式:将图表区的填充效果改为渐变填充"浅色变体"中的"线性向右",将绘图区的填充效果改为"白色,深色 15%",图表中所有文字设置为"深蓝"色,如图 2-164 所示。

部分城市2015年上半年月平均气温

省份	1月	2月	3月	4月	5月	6月
北京	-3.2	-1.1	5.9	16	22.4	25
上海	4.9	4.6	9.8	17.9	21.4	24.8
广州	12.1	14.6	18.6	23.8	27.7	28.4
哈尔滨	-19.6	-13.7	-3.4	7.7	16.1	21.4
昆明	10.4	13.4	14.8	18.1	21.3	21.4
海口	16.7	18.2	22.9	27.6	29.2	29.1
拉萨	-0.2	3.8	7.1	9.6	15.4	18.7
香港	15	17	20.7	25.4	29.1	29.8

图 2-163

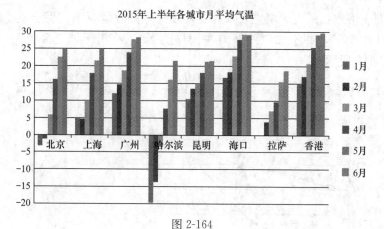

图 2-164

4. 复制以上图表,在下方粘贴两份,分别修改图表标题为"2015 年第一季度各城市月平均气温"及"2015 年第二季度各城市月平均气温",相应修改两个图表的数据源(第一季度为 1~3 月,第二季度为 4~6 月),并根据数据情况修改"2015 年第二季度各城市月平均气温"图的纵坐标最小值为 0,如图 2-165、图 2-166 所示。

5. 制作折线图表:使用"带数据标记的折线图"比较北京和昆明上半年的气温,图

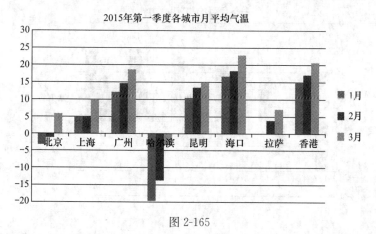

图 2-165

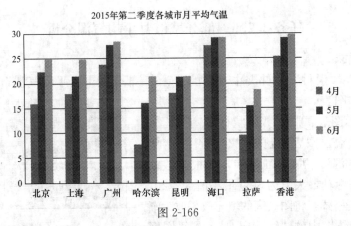

图 2-166

表标题为"北京昆明气温对比",黑体 16 号字,在折线上方添加数据标签,标签重合时用鼠标拖动进行微调。

6. 设置图表格式:图表区填充效果为图片填充(图片素材为"蒲公英.JPG")、图表区边框样式为"圆角",并添加"外部向右偏移阴影",绘图区填充颜色为白色,透明度 50%,如图 2-167 所示。

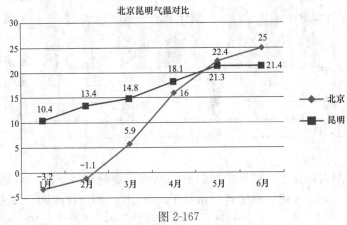

图 2-167

7. 复制以上图表一份,修改图表标题为"哈尔滨海口气温对比",相应修改数据源,并将图表类型修改为"簇状柱形图",如图 2-168 所示。

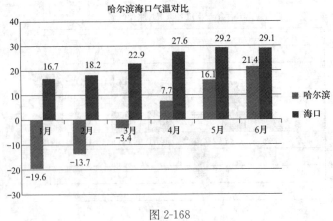

图 2-168

二、任务分析

通过本任务的学习，进一步熟练掌握图表的生成，在此基础上，学习对已有图表进行修改、美化。

三、任务实施的路径与步骤

顺序	实施内容	达到效果
1	生成簇状柱形图	生成上半年月平均气温图
2	修改图表源数据	修改得到第一、二季度月平均气温图
3	生成折线图	挑选2个城市比较月平均气温
4	修改折线图	换另2个城市进行比较
5	美化折线图	按样图效果美化图表

四、任务实施

1. 生成上半年月平均气温图

（1）制作"簇状柱形图"比较上半年各城市气温：选中所有城市上半年气温（即A2：G10），通过【插入】功能区【柱形图】按钮插入"簇状柱形图"，如图2-169所示。

（2）选中生成的图表，使用【图表工具】中的【布局】功能区【图表标题】按钮在图表上方添加图表标题"2015年上半年各城市月平均气温"，设置为黑体16号字。

（3）选中图表，使用【图表工具】中的【布局】功能区【坐标轴】按钮下【主要纵坐标轴】的【其他主要纵坐标轴选项】，打开【设置坐标轴格式】对话框进行设置，固定最小值为-20，最大值为30。

图 2-169

（4）选中图表区，使用【图表工具】中的【格式】功能区【形状填充】按钮设置图表区的填充效果为渐变填充"浅色变体"中的"线性向右"，如图2-170所示，选中绘图区，使用【图表工具】中的【格式】功能区【形状填充】按钮设置绘图区的填充效果为"白色，深色15%"，选中图表，设置图表中所有文字颜色为"深蓝"色。

2. 修改图表的数据源

（1）复制以上图表，在下方粘贴两份，分别修改图表标题为"2015年第一季度各城市月平均气温"及"2015年第二季度各城市月平均气温"，相应修改两个图表的数据源（第一季度为1～3月，第二季度为4～6月），选中要修改的图表后，选择【图表工具】下【设计】功能区中【选择数据】按钮重新设置图表数据源，如图2-171所示，图表"2015年第一季度各城市月平均气温"的数据源修改为A2：D10，如图2-172所示，图表"2015年第二季度各城市月平均气温"数据源修改为A2：A10，E2：G10，如图2-173所示。

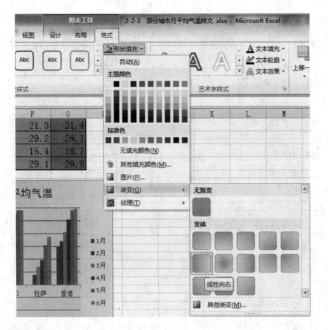

图 2-170

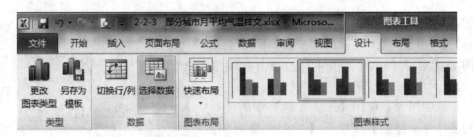

图 2-171

图 2-172

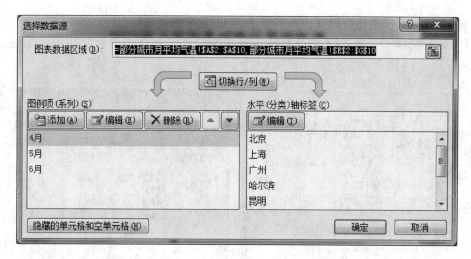

图 2-173

（2）根据数据情况（第二季度所有城市的月平均气温均在零度以上）修改纵坐标轴，选中"2015年第二季度各城市月平均气温"图，选中【图表工具】中的【布局】功能区【坐标轴】下【主要纵坐标轴】的【其他主要纵坐标轴选项】，在打开的对话框中设置纵坐标最小值为 0。

3. 制作图表比较两城市上半年气温

（1）选中北京、昆明两个城市上半年的气温（即 A2：G3，A7：G7），使用【插入】功能区【折线图】按钮中的"带数据标记的折线图"选项，如图 2-174 所示，插入图表对两个城市的气温进行比较。

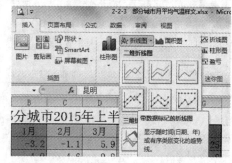

（2）选中图表，使用【图表工具】中的【布局】功能区中【图表标题】按钮在图表上方添加图表标题，标题为"北京昆明气温对比"，设置为黑体 16 号字。

图 2-174

（3）选中图表，在折线上方添加数据标签，选择【图表工具】下【布局】功能区中【数据标签】按钮在折线上方添加"值"，标签有重合时拖动鼠标进行微调。

（4）双击图表区，打开【设置图表区格式】对话框，在【填充】选项卡中选择"图片或纹理填充"后，单击【文件】按钮，选择图片文件"蒲公英 .JPG"插入，如图 2-175 所示。

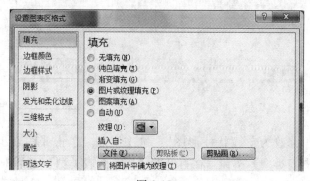

图 2-175

（5）在该对话框中切换到【边框样式】选项卡选中"圆角"，如图 2-176 所示，再切换到【阴影】选项卡，单击【预设】按钮设置为"外部、向右偏移"阴影，如图 2-177 所示。

图 2-176　　　　　　　　　　　　　　图 2-177

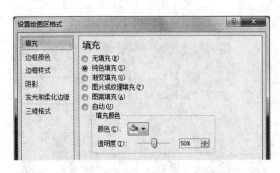

图 2-178

（6）双击绘图区，打开【设置绘图区格式】对话框，在【填充】选项卡中设置为"纯色填充"，颜色为白色，修改透明度为"50％"，如图 2-178 所示。

4. 修改比较两城市上半年气温的图表

（1）选中"北京昆明气温对比"图表，复制一份，把复制得到的图表标题修改为"哈尔滨海口气温对比"，相应修改数据源，即选中图表后使用【图表工具】中的【设计】功能区下【选择数据】按钮，调整数据源为哈尔滨和海口的上半年气温，包括列标题（A2：G2、A6：G6、A8：G8），如图 2-179 所示。

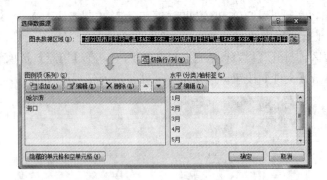

图 2-179

（2）将图表类型修改为"簇状柱形图"：选中图表，单击【图表工具】中的【设计】功能区下的【更改图表类型】按钮，在打开的【更改图表类型】对话框中，选择图表类型为"簇状柱形图"，如图 2-180 所示。

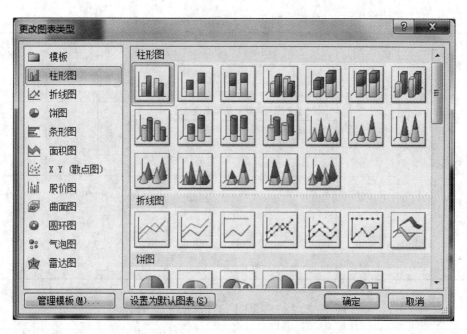

图 2-180

五、任务工作页

专业		授课教师	
工作项目	Excel 电子表格软件使用	工作任务	Excel 图表使用
知识准备		同任务 2.2.5 的五、任务工作页的知识准备	
工作过程 基本项目		打开"素材"文件夹中对应"2-6-2 学生成绩表. xlsx"文件,根据以下要求生成 5 个图表。 1. 以第 2 组同学的各科及平均成绩为数据源,制作带数据标记的折线图,图表标题为"图表 1:第 2 组同学各科及平均分比较"(以下简称图表 1),黑体 12 号字,在顶部显示图例,X 轴为"姓名",Y 轴为"分数",并调整 Y 轴最大值为"100"(因为分数不超过 100),调整图表大小放在当前工作表中。 2. 图表区格式设置为"圆角"、添加"右上斜偏移"阴影,填充效果为"蓝、白、白深色 25%三色渐变线性填充",填充方向为"线性向下",其他为默认值;绘图区"纯色填充",填充颜色为"白色",设置透明度为"50%"。 3. 将图表 1 复制两份,将图表名改为"图表 2:第 2 组同学各科成绩比较"(以下简称图表 2)、"图表 3:第 2 组同学各科及平均分比较"(以下简称图表 3)。 4. 在图表 2 中删除刘云梦同学(图表中删除不改动原数据表),并删除平均分项。 5. 在图表 3 中把图表类型改为簇状柱形图,加上数据标示"值"。 6. 复制图表 3,粘贴得到图表 4,将第 2 组同学替换为第 1 组同学的各科成绩及平均分,并将图表名改为"图表 4:第 1 组同学各科及平均分比较"。 7. 复制图表 1,粘贴得到图表 5,图表标题为"图表 5:各组各科及平均分的平均值比较",通过【图表工具】下【选择数据】按钮在打开的【选择数据源】对话框中删除原有区域,重新选择三个组各科的平均分及平均分的平均值生成新图表(数据区域为 C1:G1, I1, C7:G7, I7, C13:G13, I13, C19:G19, I19),设置显示数据标签值,并根据数据分布情况修改纵坐标轴最大值为 90,最小值为 55,主要刻度为 5,最后适当调整图表大小	

项目评价	评价项目	评价项目及权重	权重	学生自评 (30 分)	教师评价 (70 分)	小计
	职业素质及 学习能力	1. 按时完成项目	0.4			
		2. 遵守纪律				
		3. 积极主动、勤学好问				
		4. 组织协调能力(用于分组教学)				

项目评价	评价项目	评价项目及权重	权重	学生自评 （30 分）	教师评价 （70 分）	小计
	专业能力及 创新意识	1. 完成指定要求后有实用性拓展	0.3			
		2. 完成指定要求后有美观性拓展				
	安全及环 保意识	1. 按要求使用计算机及实训设备	0.3			
		2. 按要求正确开、关计算机				
		3. 实训结束按要求整理实训相关设备				
		4. 爱护机房环境卫生				
	总分					
	教师总结					

任务 2.2.7　职工工资情况表分析

一、任务要求

1. 打开"素材"文件夹中对应的"2-7-1 职工工资情况表数据分析．xlsx"文件，复制工作表"职工工资表"5 份在原工作簿中，分别命名为：排序 1、排序 2、自动筛选 1、自动筛选 2、自动筛选 3。

2. 排序：在工作表"排序 1"中按"实发工资"从高到低排序；在工作表"排序 2"中以"职称"为主要关键字按"教授、副教授、讲师、助教"的顺序排序，以"实发工资"为次要关键字从高到低排序。

3. 自动筛选：在工作表"自动筛选 1"中筛选出籍贯为"云南大理"的职工；在工作表"自动筛选 2"中筛选出实发工资最高的三位职工；在工作表"自动筛选 3"中筛选出姓"李"或姓"杨"的教授。

二、任务分析

通过完成本任务，熟练掌握 Excel 中的排序操作，并能通过自动筛选快速找到符合条件的数据。

三、任务实施的路径与步骤

顺序	实施内容	达到效果
1	排序	按实发工资从高到低排序
2	多关键字排序	按职称分类，职称相同的按实发工资从高到低排
3	自动筛选	只显示籍贯为"云南大理"的职工
4	自动筛选	只显示实发工资最低的三位职工
5	自动筛选	只显示姓"李"和姓"杨"的教授

四、任务实施

1. 排序

（1）打开素材"2-7-1 职工工资情况表数据分析"，并复制该工作表 5 份，如图 2-181 所示，分别命名工作表为排序 1、排序 2、自动筛选 1、自动筛选 2、自动筛选 3，如图 2-182 所示。

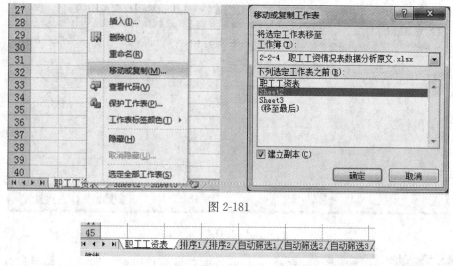

图 2-181

图 2-182

（2）在工作表"排序 1"中，选中数据表（A1：O21），单击【数据】功能区【排序】按钮，在打开的【排序】对话框中设置主要关键字为"实发工资"，次序为"降序"，如图 2-183所示；也可选中任意实发工资单元格（即 O1：O21 中任意单元格）后，单击【数据】功能区【降序】按钮（只有一个关键字的排序可参照此法快速排序）。

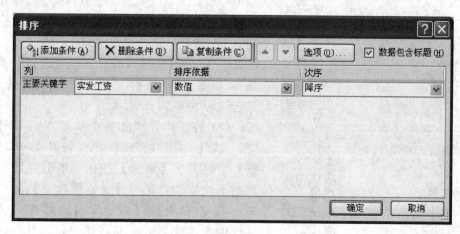

图 2-183

（3）在工作表"排序 2"中，选中数据表（A1：O21），单击【数据】功能区【排序】按钮，在打开的【排序】对话框中设置主要关键字为"职称"，以"教授、副教授、讲师、助教"的顺序（自定义序列）排序，职称相同的按"实发工资"从高到低（降序）排序，如图 2-184 所示。

2. 自动筛选

（1）在工作表"自动筛选 1"中，用"自动筛选"筛选出籍贯为"云南大理"的职工。选中数据表，单击【数据】功能区【筛选】按钮，列标题旁出现下拉按钮，因为要对籍贯设置条件，故单击"籍贯"一列的下拉按钮，选择"云南大理"，如图 2-185 所示，则不符合条件的记录被隐藏（可以从行号看出，因为行号不连续，所以不符合条件的记录是被

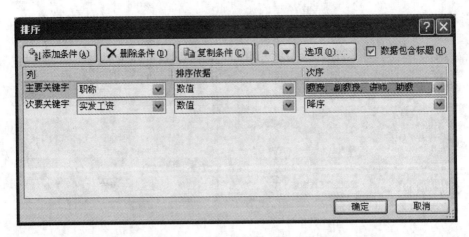

图 2-184

| | 开始 | 插入 | 页面布局 | 公式 | 数据 | 审阅 |

图 2-185

隐藏，而并没有被删除，如需取消对籍贯的限制，则再次单击"籍贯"一列的下拉按钮，选择"全选"，可让记录全部显示出来），工作表"自动筛选1"的筛选结果如图 2-186 所示。

（2）在工作表"自动筛选2"中，筛选出实发工资最高的三位职工，选中数据表，单击【数据】功能区【筛选】按钮，单击"实发工资"一列的下拉按钮，选择"数字筛选"中"10个最大的值…"，在随后打开的对话框中设置"最大"、"3"，如图 2-187 所示，工作表"自动筛选2"的筛选结果如图 2-188 所示。

（3）在工作表"自动筛选3"中，筛选出姓"李"或姓"杨"的教授，选中数据表，单击【数据】功能区下【筛选】按钮，单击"姓名"一列的下拉按钮，选择【文本筛选下】的"开头是…"，在打开的【自定义自动筛选方式】对话框中设置姓名开头是"李"或"杨"（注意两个条件之间关系是"或"），如图 2-189 所示；再单击"职称"一列的下拉按钮，选择"教授"，筛选结果显示符合条件的两条记录，如图 2-190 所示。

	A 编号	B 姓名	C 所在省	D 所在市	E 籍贯	F 职称	G 基本工资	H 岗位工资	I 奖金	J 病假天数	K 事假天数	L 应扣金额	M 应发工资	N 所得税	O 实发工资
3	2	李凡	云南	大理	云南大理	讲师	1800	700	500			0	3000	0.00	3000.00
11	10	钱东海	云南	大理	云南大理	助教	2500	600	300			0	3400	0.00	3400.00
15	14	吴浩明	云南	大理	云南大理	讲师	2000	700	500			0	3200	0.00	3200.00
16	15	舒涛	云南	大理	云南大理	副教授	1800	900	700	3		90	3310	0.00	3310.00
17	16	郑晓	云南	大理	云南大理	副教授	2000	900	700			0	3600	3.00	3597.00
18	17	杨勇亮	云南	大理	云南大理	教授	2100	1100	900			0	4100	18.00	4082.00
21	20	杨明	云南	大理	云南大理	副教授	2100	900	700			0	3700	6.00	3694.00

图 2-186

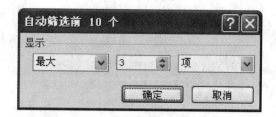

图 2-187

	A编号	B姓名	C所在省	D所在市	E籍贯	F职称	G基本工资	H岗位工资	I奖金	J病假天数	K事假天数	L应扣金额	M应发工资	N所得税	O实发工资
9	8	张国锡	云南	文山	云南文山	副教授	2300	900	700			0	3900	12.00	3888.00
14	13	李斌	云南	昆明	云南昆明	教授	2200	1100	900			0	4200	21.00	4179.00
18	17	杨勇亮	云南	大理	云南大理	教授	2100	1100	900			0	4100	18.00	4082.00

图 2-188

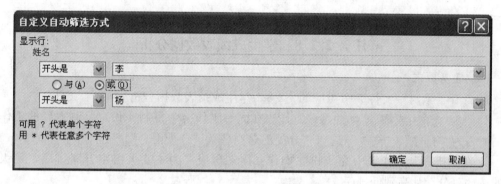

图 2-189

	A编号	B姓名	C所在省	D所在市	E籍贯	F职称	G基本工资	H岗位工资	I奖金	J病假天数	K事假天数	L应扣金额	M应发工资	N所得税	O实发工资
14	13	李斌	云南	昆明	云南昆明	教授	2200	1100	900			0	4200	21.00	4179.00
18	17	杨勇亮	云南	大理	云南大理	教授	2100	1100	900			0	4100	18.00	4082.00

图 2-190

五、任务工作页

专业			授课教师		
工作项目		Excel 电子表格软件使用	工作任务	Excel 图表使用	
知识准备		详见任务 2.2.5 的五、任务工作页的知识准备			
工作过程	拓展项目	尝试使用不同的图表类型比较数据，体会不同类型图表的用途			
项目评价		评价项目	评价项目及权重	权重	学生自评（30分）	教师评价（70分）	小计
	职业素质及学习能力	1. 按时完成项目		0.4			
		2. 遵守纪律					
		3. 积极主动、勤学好问					
		4. 组织协调能力（用于分组教学）					

评价项目	评价项目及权重	权重	学生自评 （30分）	教师评价 （70分）	小计
专业能力及 创新意识	1. 完成指定要求后有实用性拓展	0.3			
	2. 完成指定要求后有美观性拓展				
安全及环 保意识	1. 按要求使用计算机及实训设备	0.3			
	2. 按要求正确开、关计算机				
	3. 实训结束按要求整理实训相关设备				
	4. 爱护机房环境卫生				
总分					
教师总结					

项目评价（左侧纵列）

任务 2.2.8 学生成绩表数据分析

一、任务要求

1. 打开"素材"文件夹中对应的"2-8-1学生成绩表数据分析.xlsx"文件。

2. 观察"学生成绩表"，并将该工作表在同一工作簿中复制4份，复制得到的工作表分别命名为"排序"、"高级筛选"、"分类汇总原理"、"分类汇总"。

3. 在"排序"工作表中完成排序操作：以"班级"为主要关键字升序排序，班级相同的按"总分"从高到低排序。

4. 在"高级筛选"工作表中完成以下操作（在用高级筛选完成前，可先尝试用自动筛选能否完成）：①评选1班的三等奖学金，评选条件：各科都及格并且操行分在90分以上的同学；②评选各班单科特长生：至少一科在90分（含90分）以上且操行分在90以上（含90分）的同学；③找出各班需补考的同学：即任意一科低于60分（不含60分）的同学，在筛选出的结果中，为各科低于60分的分数添加"浅红填充色深红色文本"以突出显示，并加入一列"补考科目数"用COUNTIF函数统计出这些同学的补考科目数。

5. 在"分类汇总原理"工作表中尝试用计算的方法求出1～3班各科目的平均分。

6. 在"分类汇总"工作表中用分类汇总的方法求出1～3班各科目的平均分，并与之前的操作做比较。

7. 复制"分类汇总"工作表，命名为"多级分类汇总"，在求出各班各科目平均分的分类汇总基础上，再次用分类汇总统计出各班人数。

二、任务分析

首先，通过对自动筛选的学习，学生对筛选有了一个明确的概念，在熟练掌握"自动筛选"的基础上，认识并了解到有的筛选用"自动筛选"比较麻烦，而有的筛选则无法用"自动筛选"完成，从而引出更加灵活的"高级筛选"，再通过本节练习掌握熟练掌握"高级筛选"的操作，特别是"高级筛选"的筛选条件的设置；其次，理解并掌握分类汇总，为便于理解，可以先用已有的计算方法来解决分类汇总的问题，之后再引出更方便快捷的分类汇总，以此帮助同学们理解分类汇总，认识到排序的重要性和必要性，学会分析并设置分类字段、汇总方式及汇总项。

三、任务实施的路径与步骤

顺序	实施内容	达到效果
1	复制工作表	1个工作簿中有4份工作表
2	排序	多关键字排序
3	高级筛选	按要求显示用户关心的数据
4	分类汇总原理	用计算方法解决分类汇总问题
5	分类汇总	按类别对所选项进行汇总

四、任务实施

将"学生成绩表"在同一工作簿中复制4份，复制得到的工作表分别命名为"排序"、"高级筛选"、"分类汇总原理"、"分类汇总"，再完成以下操作。

1. 排序

在"排序"工作表操作：选中数据表中任意单元格，单击【数据】菜单下【排序】，在排序对话框中设置主要关键字为"班级"、升序，次要关键字为"总分"、降序，如图2-191所示。

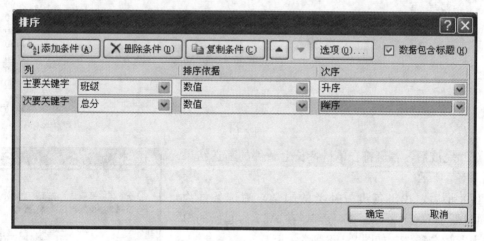

图 2-191

2. 高级筛选

（1）首先，评选1班的三等奖学金，评选条件为：1班、各科都及格且操行分在90以上，先设置筛选条件，以A30为起始输入条件，如图2-192所示。

班级	数学	英语	语文	物理	化学	德育	体育	计算机	生物	音乐	操行分
1班	>=60	>=60	>=60	>=60	>=60	>=60	>=60	>=60	>=60	>=60	>=90

图 2-192

（2）选中数据表中任一单元格或整个数据表（A1：O28），选择【数据】功能区下【排序和筛选】组中的【高级】，在打开的【高级筛选】对话框中，分别设置"列表区域"为A1：O28，"条件区域"为A30：L31，并将筛选结果放在A33起始的区域，如图2-193所示。

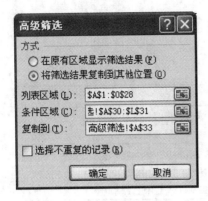

图 2-193

（3）完成后，1 班符合三等奖学金评选条件的筛选结果如图 2-194 所示。

（4）其次，评选各班单科特长生，评选条件为：至少一科在 90 分（含 90 分）以上且操行分在 90 分以上（含 90 分），在 A37 为起始的单元格中输入以下筛选条件，注意需要同时满足的条件写在同一行，否则写在不同行，如图 2-195 所示。

（5）选中数据表中任一单元格或整个数据表（A1：O28），选择【数据】功能区下【排序和筛选】组中的【高级】，在打开的【高级筛选】对话框中，分别设置"列表区域"为 A1：O28，"条件区域"为 A37：K47，将筛选结果放在 A49 起始的区域，如图 2-196 所示。

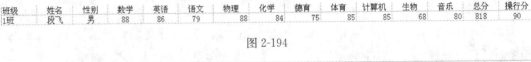

班级	姓名	性别	数学	英语	语文	物理	化学	德育	体育	计算机	生物	音乐	总分	操行分
1班	段飞	男	88	86	79	88	84	75	85	85	68	80	818	90

图 2-194

数学	英语	语文	物理	化学	德育	体育	计算机	生物	音乐	操行分
>=90										>=90
	>=90									>=90
		>=90								>=90
			>=90							>=90
				>=90						>=90
					>=90					>=90
						>=90				>=90
							>=90			>=90
								>=90		>=90
									>=90	>=90

图 2-195

（6）完成后，各班符合单科特长生条件的筛选结果如图 2-197 所示。

（7）最后，找出各班需补考的同学，筛选条件为"有科目低于 60 分（不含 60 分）"，在 A59 为起始的单元格设置筛选条件，如图 2-198 所示。

（8）选中数据表中任一单元格或整个数据表（A1：O28），选择【数据】功能区下【排序和筛选】组中的【高级】，在打开的【高级筛选】对话框中，分别设置"列表区域"为 A1：O28，"条件区域"为 A59：J69，将筛选结果放在 A71 起始的区域，如图 2-199 所示。

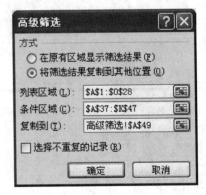

图 2-196

班级	姓名	性别	数学	英语	语文	物理	化学	德育	体育	计算机	生物	音乐	总分	操行分
2班	李嘉洁	女	80	90	82	75	47	55	75	22	47	80	653	90
1班	张佳佳	女	58	75	65	93	78	75	85	60	61	80	730	90
1班	黄绍峰	男	85	30	93	44	40	55	55	39	45	84	570	90
2班	杨涛	男	67	60	89	84	65	75	95	60	62	80	737	92
2班	李雨清	男	65	75	69	90	78	85	95	89	77	80	803	90
2班	卢晓宁	女	85	79	83	94	96	85	95	93	93	75	878	96
3班	钟凯	男	99	83	98	84	38	65	65	71	51	80	734	98

图 2-197

数学	英语	语文	物理	化学	德育	体育	计算机	生物	音乐
<60									
	<60								
		<60							
			<60						
				<60					
					<60				
						<60			
							<60		
								<60	
									<60

图 2-198

（9）完成后，在筛选结果中用"条件格式"设置各科不及格的分数突出显示，添加"浅红填充色深红色文本"，选中 D72：M89，选中【开始】功能区【条件格式】下【突出显示单元格规则】中【小于…】，在打开的【小于】对话框中设置，如图 2-200 所示。

（10）在数据表最右边添加一列"补考科目数"，用 COUNTIF 函数求出需补考同学的补考科目，其中第一位同学的函数设置如图 2-201 所示，之后的同学用填充柄得出，经处理后最终筛选结果如图 2-202 所示。

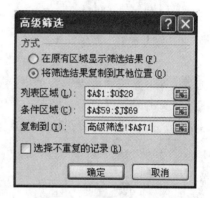

图 2-199

图 2-200

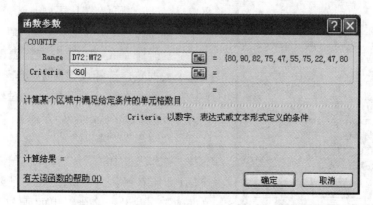

图 2-201

班级	姓名	性别	数学	英语	语文	物理	化学	德育	体育	计算机	生物	音乐	总分	操行分	补考科目数
2班	李嘉洁	女	80	90	82		75	47	55		75	22	47	80	653	90	4
2班	陈文	男	78	76	80		85	66	75		65	33	60	70	688	95	1
1班	王英	女	70	68	57		81	60	75		75	34	44	80	644	85	3
1班	张佳佳	女	58	75	65		93	78	75		85	60	61	80	730	90	1
2班	杨劲松	男	83	86	76		87	69	75		65	22	64	80	717	90	3
2班	代勇	男	65	70	63		78	41	55		55	36	55	75	613	68	4
1班	黄绍峰	男	85	30	93		44	40	55		55	39	45	84	570	90	7
3班	赵志强	男	58	96	61		82	50	75		75	60	56	84	687	80	3
1班	李军	男	61	60	72		78	50	75		75	39	53	80	643	96	3
1班	李文斌	男	80	71	97		53	43	55		55	15	40	70	579	75	6
2班	张文恩	男	77	75	87		85	62	75		75	49	69	80	734	90	2
3班	赵晓燕	女	56	78	57		89	84	75		95	95	80	85	794	75	2
2班	张林	男	86	72	77		74	30	75		65	62	43	80	664	90	1
3班	马黎军	男	90	86	97		88	65	75		85	82	51	85	804	85	1
1班	韩梅	女	70	68	57		81	53	65		75	72	60	75	676	77	2
1班	吴桂青	女	86	34	75		85	65	75		75	65	46	80	686	90	3
1班	曾鑫亮	男	71	58	69		49	42	65		65	47	45	75	586	60	5
3班	钟凯	男	99	83	98		84	35	65		65	71	51	80	734	98	2

图 2-202

3. 分类汇总

（1）在"分类汇总原理"中用已有的计算知识分别求出 1~3 班各科目的平均分。为便于计算可先按"班级"为关键字进行排序，目的是把记录按班级分开，用 AVERAGE 函数计算的时候更便于选择参数范围，同时为便于查看各班各科目平均分，可在各班级记录后分别插入一行计算平均分，具体方法不再累述，如图 2-203（局部）所示。

班级	姓名	性别	数学	英语	语文	物理	化学	德育	体育	计算机	生物	音乐	总分	操行分
1班	王英	女	70	68	57	81	60	75	75	34	44	80	644	85
1班	张佳佳	女	58	75	65	93	78	75	85	60	61	80	730	90
1班	黄绍峰	男	85	30	93	44	40	55	55	39	45	84	570	90
1班	李军	男	61	60	72	78	50	75	75	39	53	80	643	96
1班	李文斌	男	80	71	97	53	43	55	55	15	40	70	579	75
1班	韩梅	女	70	68	57	81	53	65	75	72	60	80	676	77
1班	段飞	男	88	86	79	88	84	75	85	68		80	818	90
1班	吴桂青	女	86	34	75	85	65	75	75	65	46	80	686	90
1班	曾鑫亮	男	71	58	69	49	42	65	65	47	45		586	60
			平均分	74.33333	61.11111	73.77778	72.44444	57.22222	68.33333	71.66667	50.66667	51.33333	78.22222		
2班	李嘉洁	女	80	90	82	75	47	55	65	22	47	80	653	90
2班	陈文	男	78	76	80	85	66	75	65	33	60	70	688	95

图 2-203

（2）完成以上操作后，已经理解了排序的必要，理解了求什么（求平均），求什么的（各科）平均，在此基础上再用分类汇总的方法完成求 1~3 班各科平均分的操作：因为是各班分别求，所以分类字段是"班级"（即之前排序的关键字），故先按"班级"升序（1 班、2 班、3 班的顺序）排序。

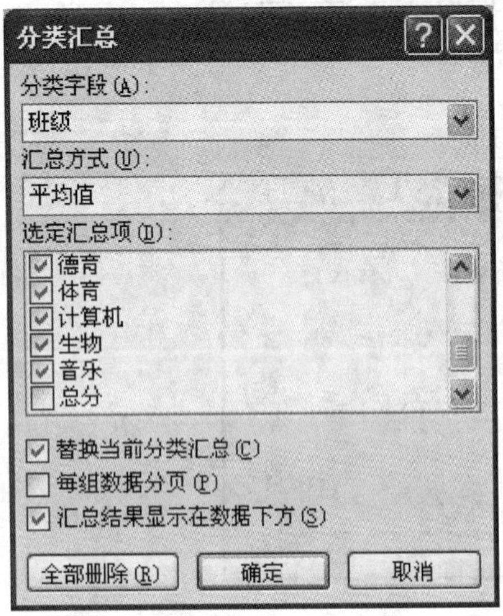

（3）排序完成后，选中数据表中任意单元格或整个数据表，选择【数据】功能区下的【分类汇总】按钮，在打开的分类汇总对话框中，设置分类字段为"班级"，汇总方式为"平均值"，汇总项为"数学"、"英语"、"语文"、"物理"、"化学"、"德育"、"体育"、"计算机"、"生物"、"音乐"（即所有科目），如图 2-204 所示。设置好后单击确定，并设置汇总得出的所有平均值保留一位小数。

图 2-204

（4）在左边设置分类汇总的显示层次显示到第二层，"分类汇总"工作表中的汇总结果如图 2-205 所示。

1 2 3		A	B	C	D	E	F	G	H	I	J	K	L	M	N
	1	班级	姓名	性别	数学	英语	语文	物理	化学	德育	体育	计算机	生物	音乐	总分
	11	1班 平均值			74.3	61.1	73.8	72.4	57.2	68.3	71.7	50.7	51.3	78.2	
	22	2班 平均值			76.0	75.3	80.2	83.8	62.6	74.0	79.0	54.5	63.0	78.8	
	31	3班 平均值			76.8	85.8	75.1	83.9	63.0	73.8	80.0	82.3	64.5	83.0	
	32	总计平均值			75.7	73.7	76.6	80.0	60.9	72.0	76.9	61.4	59.6	79.9	

图 2-205

（5）复制工作表"分类汇总"，命名为"多级分类汇总"，在"多级分类汇总"中做如下操作：在不删除已有的分类汇总基础上，统计出各班人数。因为是按班级分开统计人数，故分类字段不变（多级分类汇总，分类字段必须一致），选中数据表中任意单元格或整个数据表，单击【数据】功能区下【分类汇总】按钮，设置分类字段为"班级"，汇总方式为"计数"，汇总项为"姓名"（因为统计的是单元格个数，故也可以设置为其他，区别仅在于结果显示在那一列），注意去掉"替换当前分类汇总"选项（要保留之前的分类汇总），如图 2-206 所示，设置好后单击确定。

（6）在"多级分类汇总"中将汇总结果设置为"隐藏明细数据"（3 级显示），结果如图 2-207所示。

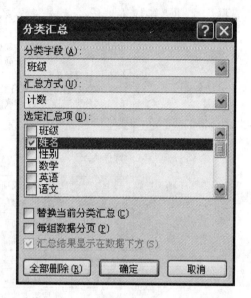

图 2-206

	A	B	C	D	E	F	G	H	I	J	K	L	M	N
1	班级	姓名	性别	数学	英语	语文	物理	化学	德育	体育	计算机	生物	音乐	总
11	1班 计数	9												
12	1班 平均值			74.3	61.1	73.8	72.4	57.2	68.3	71.7	50.7	51.3	78.2	
23	2班 计数	10												
24	2班 平均值			76.0	75.3	80.2	83.8	62.6	74.0	79.0	54.5	63.0	78.8	
33	3班 计数	8												
34	3班 平均值			76.8	85.8	75.1	83.9	63.0	73.8	80.0	82.3	64.5	83.0	
35	总计数	27												
36	总计平均值			75.7	73.7	76.6	80.0	60.9	72.0	76.9	61.4	59.6	79.9	

图 2-207

五、任务工作页

专业		授课教师	
工作项目	Excel 电子表格软件使用	工作任务	Excel 数据分析
知识准备	1. 高级筛选：可指定筛选区域、可选筛选结果显示位置、一次可对多个字段操作；高级筛选的操作关键在筛选条件的构造，构造筛选条件时注意两点：其一，直接复制条件涉及的字段名（有条件限制的字段），而不是输入，其二，之后把条件的限制用 Excel 的方式在相应的字段下表达出来，逻辑关系为"与"的写在同一行，逻辑关系为"或"的写在不同行。 2. 分类汇总：即先分类再汇总，分类即按分类字段排序，排序的目的是把数据按分类字段分开。 3. 分类汇总对话框设置：分类字段即排序关键字；汇总方式即求什么；汇总项即求谁的。		

工作过程	拓展项目	打开"素材"文件夹中对应的"2-8-2 学生基本情况表数据分析"文件，完成以下操作： 1. "高级筛选"工作表（筛选条件及结果依次放在原数据表下方）：①筛选出建工 1 班和建工 2 班年满 18 岁（大于等于 18）的团员；②找出身高在 170cm（含）以上的女生及 185cm（含）以上的男生以备选校篮球队，并将结果按性别为主要关键字，身高为次要关键字从高到矮排序（便于检查筛选结果是否正确）；③找出入学成绩在 480 分（含）以上的少数民族女生以及身高在 185cm（含）以上的少数民族男生（提示：少数民族即不是汉族，"不是"即"不等于"，在 Excel 中用"<>"表示"不等于"），并把筛选结果按性别排序。 2. 在"分类汇总原理"工作表中用计算的方法求出男女生的平均入学成绩、平均身高及最高身高和最低身高。为方便计算，先用排序的方法把男女生的记录分开（升序、降序皆可），再用求平均值、最大值、最小值的函数求出结果，以上计算结果小数位数均设置为"0"，其中平均入学成绩及平均身高也可以用 AVERAGEIF 函数求平均值。 3. 在用计算解决以上问题的基础上，在"分类汇总 1"工作表中用分类汇总的方法完成以上（第 2 点）操作，并设置分类汇总显示到第四层。 4. 在"分类汇总 2"工作表中用分类汇总的方法求出各班级的人数及平均入学成绩，计算结果的小数位数为"0"

项目评价	评价项目	评价项目及权重	权重	学生自评 （30 分）	教师评价 （70 分）	小计
	职业素质及 学习能力	1. 按时完成项目	0.4			
		2. 遵守纪律				
		3. 积极主动、勤学好问				
		4. 组织协调能力（用于分组教学）				
	专业能力及 创新意识	1. 完成指定要求后有实用性拓展	0.3			
		2. 完成指定要求后有美观性拓展				
	安全及环 保意识	1. 按要求使用计算机及实训设备	0.3			
		2. 按要求正确开、关计算机				
		3. 实训结束按要求整理实训相关设备				
		4. 爱护机房环境卫生				
	总分					
	教师总结					

任务 2.2.9 制作建筑公司员工工资情况表

一、任务要求

1. 打开"素材"文件夹中对应的"2-9-1 华新建筑公司员工工资表 . xlsx"文件。

2. 进行如下页面设置：纸张大小 A4，纸张方向横向，页边距为上 1.5cm，下 1.8cm，左右 1cm。

3. 在"格式设置及数据计算"工作表中进行计算：按备注说明求出绩效工资、养老保险、医疗保险、失业保险，根据实际求出应发工资、应扣工资及实发工资，最后在表的下方求出从"基本工资"至"实发工资"各项的平均及合计。

4. 在"格式设置及数据计算"工作表中设置字体字号：设置标题字体为黑体，字号为 24 号，其他内容（A2：Q25）为宋体、9 号。

5. 在"格式设置及数据计算"工作表中合并单元格：将标题在表格范围（A1：Q1）合并后居中，"序号"至"应发工资"及"应扣工资"、"实发工资"、"领款人"所在单元格均与其下方单元格合并（即"A2：A3"、"B2：B3"……），"扣个人保险"在 L2：N2 合并后居中，"平均"在 A20：D20 合并后居中，"合计"在 A21：D21 合并后居中，分别合并 A22：Q23，Q20：Q21，A25：B25，C25：E25，H25：J25，M25：O25。

6. 在"格式设置及数据计算"工作表中设置对齐方式：设置合并后的单元格 A22 水平对齐方式为"靠左（缩进）"，并设置为"自动换行"，单元格 A25、G25、L25 水平对齐方式为"右对齐"。

7. 在"格式设置及数据计算"工作表中设置行高列宽：设置第 1 行行高为 40，第 2～25 行行高为 18，设置 A 列列宽为 4，B、D 列为"自动调整列宽"，其他列列宽为 7.25。

8. 在"格式设置及数据计算"工作表中设置数字格式：选中单元格区域 E4：P21，设置数字类型为"会计专用"，其中"小数字位数"为"0"，"货币符号"为"无"。

9. 在"格式设置及数据计算"工作表中设置边框底纹：选中单元格区域 A2：Q21，设置外边框为粗实线、内部边框为细实线，为单元格 Q20 添加斜线边框（细实线）及浅灰色底纹，并为单元格 C25、H25、M25 添加单元格的下边框（细实线）。

10. 在"排序、筛选及图表"工作表中完成排序及筛选：按"实发工资"从高到低排序，筛选出行政部实发工资超过 4500 元（含）的员工及工程部实发工资超过 4000 元（含）的员工（只能用高级筛选完成）。

11. 在"排序、筛选及图表"工作表中制作图表：制作簇状柱形图分析比较所有员工的应发工资及实发工资情况，设置图表标题为"华新建筑公司员工工资图"，"分类（X）轴"为"姓名"，"数值（Y）轴"为"工资情况"，设置"在顶部显示图例"，拖动并缩放图表，将其放置于单元格区域 I2：W22 中，最后为图表设置快速样式为"样式 26"。

12. 在"分类汇总"工作表中完成：用分类汇总的方法汇总各部门"应发工资"、"应扣工资"、"实发工资"的平均值。

二、任务分析

员工工资表对于企业来说是常用的一种表格，它是企业管理者了解资金使用情况、员工工作情况的重要依据。使用 Excel 制作员工工资表，使用 Excel 中的数据计算、单元格格式设置、数据的分析等方面的功能。通过此任务的学习，学习者可以掌握 Excel 中常用且必备的知识。

三、任务实施的路径与步骤

顺序	实施内容	达到效果
1	页面设置	按要求对页面进行设置
2	数据计算	按要求计算结果
3	设置单元格格式	按要求设置单元格格式
4	排序、筛选及图表	按要求对数据进行排序、筛选及图表制作
5	分类汇总	按要求完成分类汇总

四、任务实施

1. 页面设置

打开素材文件"2-9-1华新建筑公司员工工资表.xlsx",选择"格式设置及数据计算"工作表,在【页面布局】功能区设置纸张大小为A4,纸张方向为横向,页边距为上1.5cm,下1.8cm,左右1cm。

2. 数据计算

(1) 按"备注"要求使用If函数的嵌套求出"绩效工资"。F4单元格中的函数设置为:=IF(C4="总经理",800*3,IF(C4="副总经理",800*2,IF(C4="办公室主任",800*1.5,IF(C4="项目经理",800*1.5,800))))。F4计算完成后拖动填充柄向下填充。

(2) 按备注要求使用公式计算"扣个人保险"中的"养老保险"、"医疗保险"和"失业保险"。在单元格L4输入公式"=E4*0.225",单元格M4输入公式"=E4*0.12",单元格N4输入公式"=E4*0.02",向下拖动填充柄复制公式计算出"扣个人保险"中的各项金额。

(3) 计算出"应发工资"。应发工资为各项工资、补贴、加班工资(日加班工资乘以加班天数)之和,单元格K4中公式为"=SUM(E4:H4)+I4*J4",向下拖动填充柄复制公式计算出所有员工的"应发工资"。

(4) 计算出"应扣工资"。应扣工资为扣"除个人保险"项目中各保险之和,用SUM函数在单元格O4中求出第一位员工的应扣工资,函数为"=SUM(L4:N4)",向下拖动填充柄复制公式计算出所有员工的"应扣工资"。

(5) 计算"实发工资"。实发工资为应发工资与应扣工资之差。在单元格P4中输入公式"=K4-O4",向下拖动填充柄复制公式计算出所有员工的"实发工资"。

(6) 计算表后的"平均"、"合计"金额。分别用AVERAGE函数和SUM函数求出"基本工资"至"实发工资"各项的平均值及总和。

3. 单元格格式设置

(1) 将表格标题"华新建筑公司员工工资表"在表格范围内(A1:Q1)合并后居中,选中A1:Q1后单击【开始】功能区中【合并后居中】按钮完成,并设置字体为黑体,字号为24,其他(A2:Q25)内容字体为宋体、字号为9号。

(2) 使用【开始】功能区中【合并后居中】按钮分别合并以下单元格:"A2:A3"、"B2:B3"、"C2:C3"、"D2:D3"、"E2:E3"、"F2:F3"、"G2:G3"、"H2:H3"、"I2:I3"、"J2:J3"、"K2:K3"、"L2:N2"、"O2:O3"、"P2:P3"、"Q2:Q3"、"A20:D20"、"A21:D21"、"A22:Q23"、"Q20:Q21"、"A25:B25"、"C25:E25"、"H25:J25"、"M25:O25"。

(3) 选中合并后的A22单元格(备注内容),打开【设置单元格格式】对话框,在【对齐】选项卡中修改水平对齐方式为"靠左(缩进)",并选中"自动换行",如图2-208所示,选中单元格A25、G25、L25,用【开始】功能区的【右对齐】按钮设置对齐方式为"右对齐"。

(4) 设置行高列宽:单击第1行行号,选中第1行,右击在快捷菜单中选择【行高】,设置行高为"40",选中2~25行,设置行高为"18";单击A列列号,选中A列,右击在快捷菜单中选择【列宽】,设置A列列宽为"4",选中B~D列,双击列边线设置为

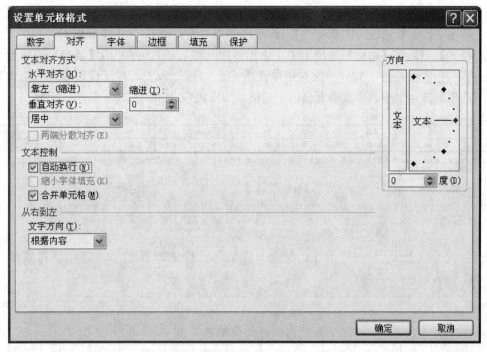

图 2-208

"自动调整列宽"，选中其余列，右击在快捷菜单中选择【列宽】，设置列宽为"7.25"。

（5）设置数字格式，选中单元格区域 E4：P21，打开【设置单元格格式】对话框【数字】选项卡，设置数字类型为"会计专用"，其中【小数位数】为"0"，【货币符号】为"无"，如图 2-209所示。

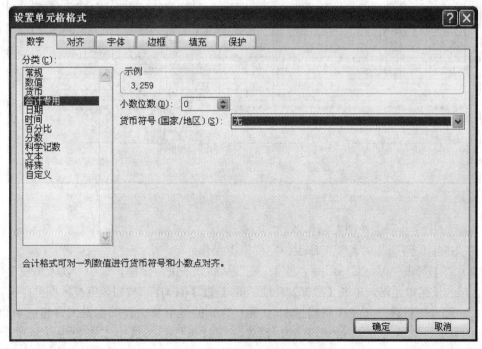

图 2-209

（6）设置边框底纹，选择单元格区域 A2：Q21，打开【设置单元格格式】对话框【边框】选项卡，设置外边框为“粗实线”、内部边框为“细实线”；选中单元格 Q20，在【设置单元格格式】对话框【边框】选项卡中，添加斜线（细实线），并使用【填充】选项卡，为其添加浅灰色底纹；按住 Ctrl 一次选中单元格 C25、H25、M25，在【设置单元格格式】对话框【边框】选项卡中，添加单元格的下边框（细实线），如图 2-210（局部）所示。

海源	员工	人事部	3,030	800	220	160	60	-	4,210	682	364	61	1,106	3,104	
平均			2,572	1,000	254	211	74	2	4,236	579	309	51	939	3,297	
合计			41,155	16,000	4,060	3,380	1,190	39	67,775	9,260	4,939	823	15,022	52,753	

绩效为800元，总经理系数为3.0倍，副总经理系数为2.0倍，办公室主任及项目经理为1.5倍,其它为人员为1.0倍；养老保险为基本工资的22.5%，医疗保险为基本工资的12%，失业
工资的2%；上表中金额的单位为：元。

人：　　　　审核：　　　　制表人：

图 2-210

（7）完成以上操作后，“排序、筛选及图表”工作表最终效果（打印预览效果）如图 2-211 所示。

华新建筑公司员工工资表

序号	姓名	职务	部门	基本工资	绩效工资	满勤奖	补贴	日加班工资	加班天数	应发工资	扣个人保险			应扣工资	实发工资	领款人
											养老保险	医疗保险	失业保险			
1	朱炳楠	总经理	行政部	3,259	2,400	300	500	150	4	7,059	733	391	65	1,190	5,869	
2	唐小强	副总经理	行政部	3,186	1,600	300	400	120	2	5,726	717	382	64	1,163	4,563	
3	黄好英	办公室主任	行政部	2,796	1,200	300	280	100	3	4,875	629	335	56	1,020	3,855	
4	吴刚	项目经理	工程部	3,027	1,200	220	280	100	6	5,327	681	363	61	1,105	4,222	
5	李伟球	员工	设计部	2,045	800	300	160	60	-	3,305	460	245	41	746	2,559	
6	李国欣	员工	工程部	2,499	800	300	160	60	4	3,989	560	299	50	908	3,081	
7	陈敏旋	员工	业务部	2,179	800	220	160	60	2	3,479	490	261	44	795	2,684	
8	杨辉	员工	工程部	2,219	800	180	160	60	2	3,479	499	266	44	810	2,669	
9	魏守勇	员工	人事部	2,299	800	180	160	60	-	3,439	517	276	46	839	2,600	
10	梁锦涛	员工	设计部	2,183	800	220	160	60	6	3,723	491	262	44	797	2,926	
11	李元旭	员工	工程部	2,310	800	300	160	60	6	3,930	520	277	46	843	3,087	
12	吴晓晨	员工	设计部	1,900	800	300	160	60	2	3,280	428	228	38	694	2,587	
13	严彤云	员工	业务部	2,838	800	300	160	60	2	4,218	639	341	57	1,036	3,182	
14	罗毅民	员工	工程部	2,895	800	300	160	60	-	4,155	651	347	58	1,057	3,098	
15	曾志刚	员工	设计部	2,501	800	120	160	60	-	3,581	563	300	50	913	2,668	
16	卢海源	员工	人事部	3,030	800	220	160	60	-	4,210	682	364	61	1,106	3,104	
平均				2,572	1,000	254	211	74	2	4,236	579	309	51	939	3,297	
合计				41,155	16,000	4,060	3,380	1,190	39	67,775	9,260	4,939	823	15,022	52,753	

备注：基本绩效为800元，总经理系数为3.0倍，副总经理系数为2.0倍，办公室主任及项目经理为1.5倍,其它为人员为1.0倍；养老保险为基本工资的22.5%，医疗保险为基本工资的12%，失业保险为基本工资的2%；上表中金额的单位为：元。

负责人：＿＿＿＿＿＿　审核：＿＿＿＿＿＿　制表人：＿＿＿＿＿＿

图 2-211

4. 数据排序、筛选及图表制作

在“排序、筛选及图表”工作表中完成以下操作。

（1）对工资表（A2：G18）按“实发工资”从高到低进行排序，选中“实发工资”所在数据区域的任意单元格，单击【数据】功能区的【Z↓】（降序）按钮，完成数据排序操作。

（2）筛选出行政部实发工资超过 4500 元（含）的员工及工程部实发工资超过 4000 元（含）的员工，从单元格“A20”开始，设置好筛选条件后，选中工资表中任意单元格，单击【数据】功能区【排序和筛选】命令组下的【高级】按钮，设置列表区域、条件区

域，将筛选结果复制到以单元格 A25 开始的单元格区域中，筛选条件设置及【高级筛选】对话框参数设置如图 2-212 所示；筛选结果如图 2-213 所示。

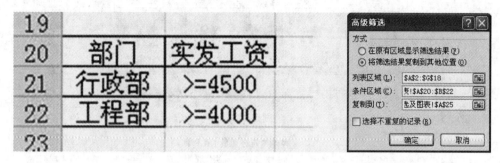

图 2-212

序号	姓名	职务	部门	应发工资	应扣工资	实发工资
1	朱炳清	总经理	行政部	7059	1190	5869
2	唐小强	副总经理	行政部	5726	1163	4563
4	吴刚	项目经理	工程部	5527	1105	4422

图 2-213

5. 图表制作

在"排序、筛选及图表"工作表中完成以下操作。

(1) 制作簇状柱形图分析比较所有员工的应发工资及实发工资情况，先选中"姓名"、"应发工资"、"实发工资"列为数据源（即 B2：B18，E2：E18，G2：G18），选择【插入】功能区【图表】组中【柱形图】下拉按钮中的【簇状柱形图】，如图 2-214 所示。

(2) 选中图表，选择【布局】功能区【图表标题】按钮下的【图表上方】，添加图表标题为"华新建筑公司员工工资图"。

(3) 选择【坐标轴标题】下【主要横坐标轴标题】中的【坐标轴下方标题】，设置横坐标轴标题为"姓名"。

(4) 选择【坐标轴标题】下【主要纵坐标轴标题】中的【竖排标题】，设置纵坐标轴标题为"工资情况"。

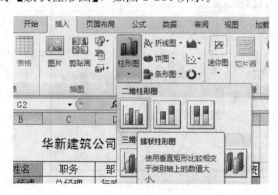

图 2-214

(5) 设置"在顶部显示图例"，选中图表，单击【布局】功能区【图例】按钮中的【在顶部显示图例】，将图例放在图表顶部。

(6) 拖动并调整图表大小，将其放置于单元格区域"I2：W22"中。

(7) 为图表设置样式为"样式 26"，选中图表，在【图表工具】下【设计】功能区中选中【图表样式】的"样式 26"，如图 2-215 所示。

(8) 完成后图表效果如图 2-216 所示。

6. 数据分类汇总

在"分类汇总"工作表中完成以下操作。

(1) 用分类汇总的方法汇总各部门"应发工资"、"应扣工资"、"实发工资"的平均

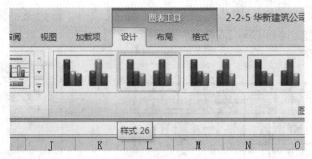

图 2-215

华新建筑公司员工工资图

▪ 应发工资 ▪ 实发工资

工资情况

图 2-216

值。先分析分类字段，按各部门汇总，所以分类字段是"部门"，汇总前先按"部门"进行排序，选中部门列任意数据项，单击【数据】功能区下的【Z↓】按钮（升序降序均可）完成排序（分类）操作。

（2）选中数据表中任意单元格，选中功能区下的【分类汇总】按钮，打开【分类汇总】对话框，因为按"部门"分类，故设置"部门"为分类字段，因为要求的是平均值，所以汇总方式为"平均值"，因为要求"应发工资"、"应扣工资"和"实发工资"的平均值，所以汇总项设置为"应发工资"、"应扣工资"和"实发工资"，如图 2-217 所示。

（3）设置分类汇总结果显示到第 2 层，完成后效果如图 2-218 所示。

分类汇总

分类字段(A)：
部门

汇总方式(U)：
平均值

选定汇总项(D)：
- [ ] 姓名
- [ ] 职务
- [ ] 部门
- [x] 应发工资
- [x] 应扣工资
- [x] 实发工资

- [x] 替换当前分类汇总(C)
- [ ] 每组数据分页(P)
- [x] 汇总结果显示在数据下方(S)

[全部删除(R)] [确定] [取消]

图 2-217

		A	B	C	D	E	F	G
	1				华新建筑公司员工工资表			
	2	序号	姓名	职务	部门	应发工资	应扣工资	实发工资
+	8				工程部 平均值	4216	945	3271
+	11				人事部 平均值	3825	973	2852
+	16				设计部 平均值	3472	787	2685
+	20				行政部 平均值	5953	1124	4829
+	23				业务部 平均值	3849	916	2933
-	24				总计平均值	4261	939	3322

图 2-218

五、任务工作页

专业		授课教师	
工作项目	Excel 电子表格软件使用	工作任务	Excel 综合应用
知识准备	本任务应用到的知识在前述教学中都已经介绍过，在此不再赘述，请读者参考前述项目所学习的知识完成本任务		

工作过程	拓展项目	打开"素材"文件夹中对应"2-9-2 学生成绩表.xlsx"文件，完成以下操作：

打开"素材"文件夹中对应"2-9-2 学生成绩表.xlsx"文件，完成以下操作：

1. 选择"数据计算及格式设置"工作表进行操作，修改页面设置：设置上、下、左、右边距为 2cm，纸张方向为横向。

2. 设置字体：设置标题字体为黑体 18 号字，并在表格范围（A1～O1）内"合并后居中"，其余表格内容设置为宋体 10 号字。

3. 调整行高列宽：设置 A 列列宽为"8"，B 列列宽为"6"，C～O 列设置为"自动调整列宽"，设置第 1 行行高为"40"，2～32 行行高为"21"。

4. 为表格添加边框线及底纹：设置表格（A2：O32）外边框为深蓝色双线，内边框为深蓝色实线，为表格列标题（A2：O2）添加蓝色底纹，并修改列标题字体颜色为白色，在单元格中水平居中。

5. 数据计算：用 IF 函数嵌套将"三生教育"的等第评价转换为分数到"三生"列（转换规则为：优＝95，良＝85，中＝75，及格＝65，不及格＝55），完成后复制所有同学分数，再使用"选择性粘贴"功能将分数的转换结果粘贴至"三生"列（选择性粘贴为"数值"），之后删除"三生教育"（J）列，最后计算出"总分"、"平均分"（平均分保留一位小数）。

6. 计算"计算机成绩分析表"中的应考人数、实考人数、总分、平均分、最高分、最低分、及格人数、及格率（涉及小数时设置保留 0 位小数）。

7. 条件格式设置：设置所有科目成绩不及格的单元格为"浅红色填充"，使用【条件格式】下【图标集】中的"✘ ❗ ✔"标记为"平均分"列的数据添加标记，再通过【条件格式】下【管理规则】中"编辑规则"功能修改设置：平均分＞＝80 为"✔"，平均分在 80～60 之间为"❗"，平均分＜60 为"✘"，效果如图 2-219 所示。

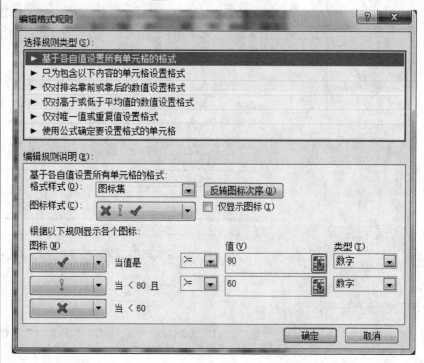

图 2-219

8. 选择"数据排序筛选"工作表进行操作：复制"数据计算及格式设置"工作表中的数据表（A2：N32）到"数据排序筛选"工作表中，A～N列为"自动调整列宽"，以平均分为关键字排序，排序依据为单元格图标（✔ 在顶端，✘ 在底端），如图 2-220 所示。

图 2-220

9. 筛选出"语文"、"数学"、"英语"、"计算机"四门课中有不及格的同学，筛选条件放 P2 开始的单元格区域，筛选结果放 P9 开始的单元格区域，并把筛选结果中"语文"、"数学"、"英语"、"计算机"四门课中不及格的分数设置为"浅红填充色深红色文本"，以检验筛选结果是否正确。

10. 选择"图表制作"工作表进行操作：制作"带数据标记的折线图"分析所有同学的《力学》成绩（以"姓名"、"力学"两列数据为数据源），并移动图表到单独的工作表 Chart1 中成为独占式图表，之后在已有的图表中使用"选择数据"功能，修改图表的数据源：添加所有同学的《材料》成绩，最后选择"图表布局"中的"布局 3"，并设置图表标题为"《材料》与《力学》成绩情况"，如图 2-221 所示。

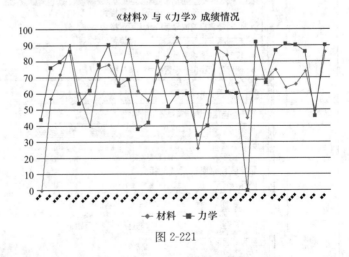

《材料》与《力学》成绩情况

图 2-221

11. 选择"分类汇总"工作表进行操作：按"籍贯"汇总"语文"、"数学"、"英语"、"计算机"四门课程成绩的平均值，并统计各地人数，调整结果如图 2-222 所示。

（左栏）工作过程　拓展项目

工作过程	拓展项目	 图 2-222				

	评价项目	评价项目及权重	权重	学生自评 （30 分）	教师评价 （70 分）	小计
任务评价	职业素质及 学习能力	1. 按时完成项目	0.4			
		2. 遵守纪律				
		3. 积极主动、勤学好问				
		4. 组织协调能力（用于分组教学）				
	专业能力及 创新意识	1. 完成指定要求后有实用性拓展	0.3			
		2. 完成指定要求后有美观性拓展				
	安全及环 保意识	1. 按要求使用计算机及实训设备	0.3			
		2. 按要求正确开、关计算机				
		3. 实训结束按要求整理实训相关设备				
		4. 爱护机房环境卫生				
	总分					
	教师总结					

项目 2.3　办公软件综合应用

任务　制作小区物业缴费通知单

一、任务要求

1. 打开"素材"文件夹中的"3-1-1 小区物业缴费通知单.docx"文件，编辑小区物业缴费通知单，设置纸张大小为 32 开，纸张方向横向，页边距为"窄"，标题"小区物业缴费通知单"设置为三号黑体，居中，其他文字为小四号仿宋，1.5 倍行距，通知抬头"尊敬的……住户:"段落间距设置为"自动"，正文两段首行缩进 2 字符，最后落款右对齐，插入如图 2-223 所示 2 行 5 列的表格，列标题为"物业管理费"、"水费"、"电费"、"停车费"、"合计"，表格中内容居中对齐，效果如图 2-223 所示。

尊敬的_____幢_____单元___室住户：

现将您2017年5月的物业管理费、水费、电费、停车费用通知于您，请您于2017年6月10日前将下述费用交到物业管理办公室，逾期不缴纳者，我公司将按1%/天的滞纳金上门收取，谢谢您的配合。

您应缴纳的费用如下：

物业管理费	水费	电费	停车费	合计

小区物业管理办公室

2017年6月1日

图 2-223

2. 打开"素材"文件夹中的"3-1-1 小区物业缴费通知单数据源.xlsx"文件，结合上面制作的 Word 主文档，观察 Excel 数据源文件的存放位置、文件名、工作表名称及所需数据，主文档称谓中的某幢、某单元、某室及表格中的"物业管理费"、"水费"、"电费"、"停车费"、"合计"均来源于此文工作簿中的名为"2017 年 05 月"的工作表。

3. 完成以上 Word 主文档和 Excel 数据源的合并：在 Word 主文档中选择【邮件】功能区的邮件合并功能完成合并，生成合并后的文档，并命名为"2017 年 05 月小区物业缴费通知单.docx"。

二、任务分析

小区物业在实际工作中，经常涉及向住户收取费用的情况，但由于住户较多，经常给每个住户发放对应的缴费通知，传统的手工填写工作量大，内容容易出错等弊端。通过本任务的学习，可以批量制作格式统一，数据各异的缴费通知单，以提高工作效率。

三、任务实施的路径与步骤

顺序	实施内容	达到效果
1	Word 模板制作	制作一份缴费通知单
2	Excel 数据制作	有模板中需要的数据
3	邮件合并	给每个住户制作一份缴费通知单

四、任务实施

1. Word 主文档制作

（1）打开素材"3-1-1 小区物业缴费通知单.docx"，编辑小区物业缴费通知单，在【页面布局】功能区设置纸张大小为"32 开"，纸张方向为"横向"，页边距为"窄"。

（2）选中标题"小区物业缴费通知单"，在【开始】功能区设置字体为"黑体"，字号为"三号"，对齐方式为"居中"。

（3）选中通知抬头"尊敬的……住户:"，段落间距设置为"自动"，选中两段正文，打开【段落】对话框设置"首行缩进 2 字符"，最后落款为"右对齐"。

（4）插入 2 行 5 列的表格，列标题为"物业管理费"、"水费"、"电费"、"停车费"、"合计"，选中表格，在【表格工具】中的【布局】下设置对齐方式为"水平居中"。

（5）选中除标题外的其他文字，在【开始】功能区设置字体为"仿宋"，字号为"小四号"，打开【段落】对话框设置行距为"1.5 倍行距"。

2. 观察熟悉 Excel 数据源

（1）在进行邮件合并之前，除了准备内容固定不变的 Word 主文档外，还应该将 Word 主文档中所用到变化的数据制作成 Excel 工作表，本例提供已制作好的 Excel 数据表作为数据源。

（2）打开素材"3-1-1 小区物业缴费通知单数据源 .xlsx"，观察名为"2017 年 05 月"的工作表，结合上面制作的 Word 主文档，明确 Excel 数据源文件的存放位置、文件名、工作表名称及所需数据，主文档称谓中的某幢、某单元、某室及表格中的"物业管理费"、"水费"、"电费"、"停车费"、"合计"即 Word 主文档将引用的数据源。

3. 邮件合并

（1）准备好 Word 主文档和 Excel 数据源文件后，即可开始邮件合并。

（2）在 Word 主文档中选择【邮件】功能区中【开始邮件合并】下的【信函】，如图 2-224 所示。

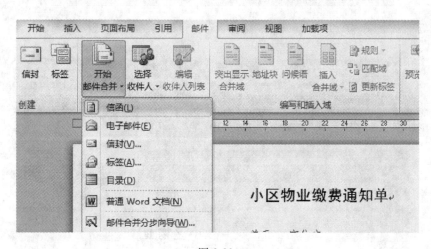

图 2-224

（3）在 Word 主文档中选择【邮件】功能区中【选择收件人】下的【使用现有列表】，如图 2-225 所示，在打开的【选择数据源】对话框中按存放路径查找并打开 Excel 数据源文件"3-1-1 小区物业缴费通知单数据源 .xlsx"，并在之后打开【选择表格】对话框，选中工作簿中名为"2017 年 05 月 $"的工作表，如图 2-226 所示。

（4）在 Word 主文档中选中应显示幢编号的位置，选择【邮件】功能区中【插入合并域】下的【幢编号】，如图 2-227 所示，同样的方法插入"单元编号"和"门牌号"到相应位置。

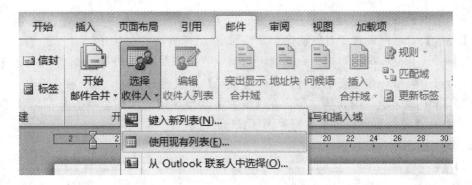

图 2-225

图 2-226

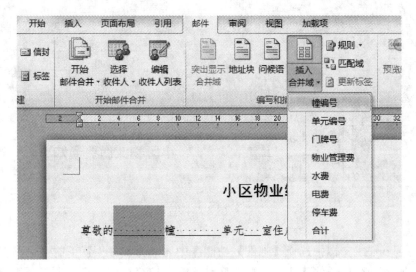

图 2-227

（5）光标定位在表格"物业管理费"下单元格中，选择【邮件】功能区中【插入合并域】下的"物业管理费"，如图 2-228 所示。

（6）按以上方法在表格中相应位置分别插入"水费"、"电费"、"停车费"、"合计"。

（7）完成"插入合并域"的操作后到 Word 主文档，如图 2-229 所示。

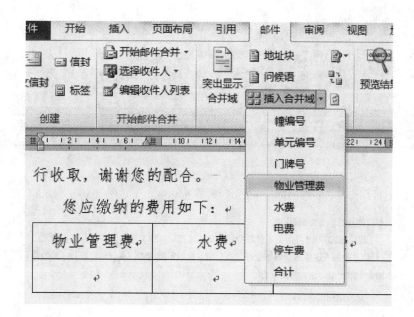

图 2-228

小区物业缴费通知单

尊敬的《幢编号》幢《单元编号》单元《门牌号》室住户：

现将您2017年5月的物业管理费、水费、电费、停车费用通知于您，请您于2017年6月10日前将下述费用交到物业管理办公室，逾期不缴纳者，我公司将按1%/天的滞纳金上门收取，谢谢您的配合。

您应缴纳的费用如下：

物业管理费	水费	电费	停车费	合计
《物业管理费》	《水费》	《电费》	《停车费》	《合计》

小区物业管理办公室

2017年6月1日

图 2-229

（8）在【邮件】功能区，使用【预览结果】按钮可以查看合并后的结果，可以依次查看每位住户的缴费通知单，如图 2-230 所示。

（9）如果不是所有住户都发缴费通知单，可以通过【邮件】功能区【编辑收件人列表】按钮打开【邮件合并收件人】对话框进行设置（本例是所有住户都发，所以可以跳过这一操作），如图 2-231 所示。

（10）预览如发现问题则修改主文档或数据源，预览无误则可选择【邮件】功能区【完成并合并】按钮下的【编辑单个文档】命令，在弹出的【合并到新文档】对话框中选择【全部】，并单击【确定】按钮，完成合并，如图 2-232 所示。

小区物业缴费通知单

尊敬的2幢3单元302室住户：

现将您2017年5月的物业管理费、水费、电费、停车费用通知于您，请您于2017年6月10日前将下述费用交到物业管理办公室，逾期不缴纳者，我公司将按1%/天的滞纳金上门收取，谢谢您的配合。

您应缴纳的费用如下：

物业管理费	水费	电费	停车费	合计
64	49	35	0	148

图 2-230

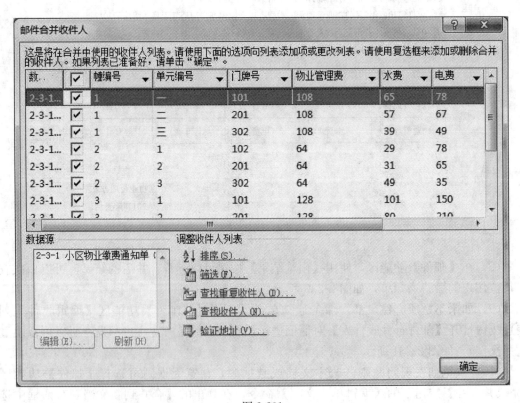

图 2-231

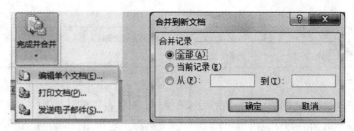

图 2-232

（11）最后将合并后生成的新文档保存为"2017 年 05 月小区物业缴费通知单 . docx"。

五、任务工作页

专业		授课教师	
工作项目	办公软件综合应用	工作任务	邮件合并应用
知识准备	1. 邮件合并：邮件合并这个名称最初是在批量处理"邮件文档"时提出的。具体就是在邮件文档（主文档）的固定内容中，合并与发送信息相关的一组通信资料（数据源：如 Excel 表、Access 数据表等），从而批量生成需要的邮件文档，因此可大大提高工作效率。 2. 邮件合并的功能：除了可以批量处理信函、信封等与邮件相关的文档外，还可以轻松地批量制作标签、工资条、成绩单等。 3. 邮件合并的适用范围：需要制作的数量比较大且文档内容可分为固定不变的部分和变化的部分（比如打印信封，寄信人信息是固定不变的，而收信人信息是变化的部分），变化的内容来自数据表中含有标题行的数据记录表。 4. 邮件合并的基本过程：分为建立主文档、准备数据源、将数据源合并到主文档中三个步骤，以下将分别论述： （1）建立主文档：主文档是指邮件合并内容的固定不变的部分，如信函中的通用部分、信封上的落款等。建立主文档与新建一个 Word 文档一样，在进行邮件合并之前它只是一个普通的文档。唯一不同的是，在为邮件合并创建主文档时，需要认真思考，这份文档要如何写才能与数据源更完美地结合，满足要求（最基本的一点，就是在合适的位置留下数据填充的空间）；另一方面，写主文档的时候也要考虑，是否需要对数据源的信息进行必要的修改，以符合书信写作的习惯。 （2）准备数据源：数据源就是数据记录表，其中包含相关的字段和记录内容。通常，考虑使用邮件合并来提高效率正是因为我们手上已经有了相关的数据源，如 Excel 表格、Outlook 联系人或 Access 数据库。如果没有合适的，则需要重新建立一个数据源。需要注意的是，实际工作中，Excel 表格中第一行可能是表格标题，而用作数据源时，应该将其删除，得到以标题行（字段名）开始的 Excel 表格，因为在合并时将使用这些字段名来引用数据表中的记录。 （3）将数据源合并到主文档中：利用邮件合并工具，可以将数据源合并到主文档中，得到目标文档。合并完成的文档的份数取决于数据表中记录的条数。 5. 合并完成后可以将合并好的文档单独保存，如有必要可打印出来，同时也要注意保存主文档及数据源，以便今后修改		
工作过程	拓展项目	打开"素材"文件夹中的"3-1-2 成绩通知单 . docx"文件，完成以下操作： 1. 制作学生成绩通知单模板，即主文档，打开 Word，制作如图 2-233 所示成绩通知单模板。	

------------------------成 绩 通 知 单 ------------------------

学号：_____   姓名：_____

类型 科目	学期			考试			成绩			综合	
	语 文	体 育	数 学	英 语	材 料	识 图	力 学	二生 教育	计算机	音 乐	总 分	平 均 分
成绩												
家长意见												

备注：开学时间为 2 月 23 日，请各位同学务必于 14：00 以前到校，14：00 在教室集中，教材费用 220.00 元。

图 2-233

<table>
<tr><td rowspan="2">工作过程</td><td rowspan="2">拓展项目</td><td colspan="1">

2. 使用素材中的"3-1-2 成绩通知单数据源.xls"作为数据源完成邮件合并,如图 2-234 所示。

学号：﹍11120901﹍﹍﹍ 姓名：﹍卜祥悦﹍

类型	学			期		考		试		成	绩	综		合
科目	语文	体育	数学	英语	材料	识图	力学	三生教育	计算机	音乐	总分	平均分
成绩	66	73	60	42	0	49	44	85	61	61	563	56
家长意见												

备注：开学时间为 2 月 23 日，请各位同学务必于 14：00 前到校，14：00 在教室集中，教材费用 220.00 元。

学号：﹍11120902﹍﹍﹍ 姓名：﹍曹磊﹍

类型	学			期		考		试		成	绩	综		合
科目	语文	体育	数学	英语	材料	识图	力学	三生教育	计算机	音乐	总分	平均分
成绩	87	78	60	70	57	76	54	85	71	71	733	73
家长意见												

备注：开学时间为 2 月 23 日，请各位同学务必于 14：00 前到校，14：00 在教室集中，教材费用 220.00 元。

学号：﹍11120903﹍﹍﹍ 姓名：﹍曹苏城﹍

类型	学			期		考		试		成	绩	综		合
科目	语文	体育	数学	英语	材料	识图	力学	三生教育	计算机	音乐	总分	平均分
成绩	70	66	60	74	72	75	47	95	65	65	704	70
家长意见												

备注：开学时间为 2 月 23 日，请各位同学务必于 14：00 前到校，14：00 在教室集中，教材费用 220.00 元。

图 2-234

</td></tr>
</table>

项目评价	评价项目	评价项目及权重	权重	学生自评 30 分	教师评价 70 分	小计
	职业素质及学习能力	1. 按时完成项目	0.4			
		2. 遵守纪律				
		3. 积极主动、勤学好问				
		4. 组织协调能力（用于分组教学）				
	专业能力及创新意识	1. 完成指定要求后有实用性拓展	0.3			
		2. 完成指定要求后有美观性拓展				
	安全及环保意识	1. 按要求使用计算机及实训设备	0.3			
		2. 按要求正确开、关计算机				
		3. 实训结束按要求整理实训相关设备				
		4. 爱护机房环境卫生				
	总分					
	教师总结					

项目 2.4 PowerPoint 演示文稿

小张是某公司的一名职工，公司要开一个项目汇报会，领导要求小张制作 1 个 PowerPoint 演示文稿，之前小张能熟练的运用 Word、Excel 办公软件，那么小张应该从哪里入手呢？

小张通过构思，并搜集了大量的关于该项目的素材，通过以下 2 个任务完成小张的演示文稿。

任务 2.4.1 在 PowerPoint 中插入素材，完成构思

一、任务要求

1. 掌握 PPT 中常见素材的使用。

2. 掌握 PPT 中对素材的编辑。

二、任务分析

小张通过前期的构思，并准备了素材，打算制作 1 个集文字、图片、声音、视频于一体的多媒体演示文稿，那么如何将这些素材插入到文稿中，并对他们进行简单的编辑呢？

PowerPoint 中文字、图片的使用跟 Word 中这些素材的使用几乎一致，声音与视频的使用也与图片的插入类似。

三、任务实施的路径与步骤

顺序	实施内容	达到效果
1	在 PowerPoint 中使用素材	按构思，逐张制作 PPT，并使用相应的素材
2	对素材进行调整	统一文字、图片的颜色、尺寸等

四、任务实施

1. 在 PowerPoint 使用素材

（1）开场视频制作

1）打开 PowerPoint2010，软件自动新建了名为"演示文件 1"的演示文稿，并自动进入了第一张幻灯片编辑界面，如图 2-235 所示，并保存为"4-1-1 素材的使用 . pptx"。

2）单击【插入】选项卡，在媒体组中选择【视频】选项，在弹出的子菜单中选择【文件中的视频…】选项，在【插入视频文件】话框中选择"素材"文件夹中对应的"视频 . wmv"文件，单击【插入】按钮完成视频的插入，如图 2-236 所示。

（2）封面页制作

1）在如图 2-235 所示的 PowerPoint 操作界面左侧的大纲区单击回车键，新建一张幻灯片。

2）右键单击该幻灯片，弹出快捷菜单，选择【版式】子菜单，在弹出的版式选择菜单中，选择"空白"版式，如图 2-237 所示。

3）单击【插入】选项卡，在【插图】组中选择【形状】选项，在弹出的【形状列表】窗口中选择"矩形"命令，如图 2-238 所示，并在幻灯片中部绘制出一个矩形，在该矩形上单击右键，弹出快捷菜单，选择【编辑文字】命令，输入"泰业国际广场—项目汇报"。

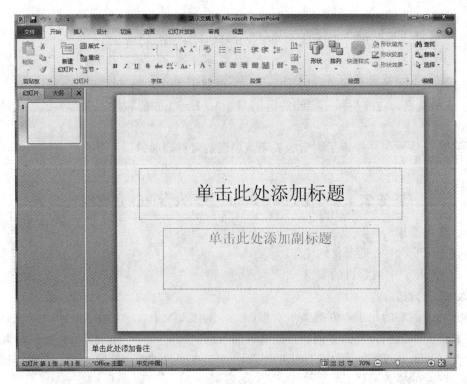

图 2-235

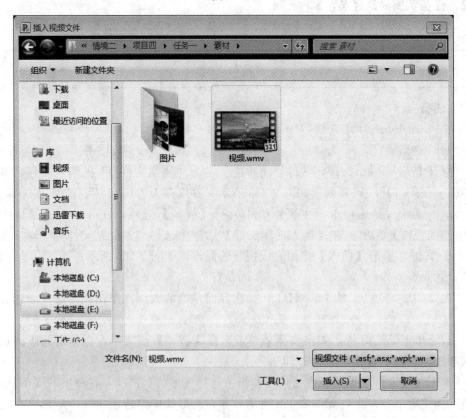

图 2-236

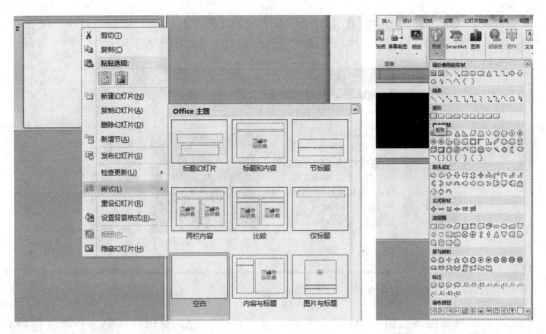

图 2-237   图 2-238

4）单击【插入】选项卡，在媒体组中选择【音频】选项，在弹出的子菜单中选择【文件中的音频】选项，在弹出的对话框中选择"素材"文件夹中对应的"音乐.mp3"文件，单击插入即完成背景音乐插入，如图 2-239 所示。

（3）目录页制作

新建一张幻灯片，更改版式为"幻灯片标题"，并在幻灯片中输入以下标题，完成后的效果如图 2-240 所示。

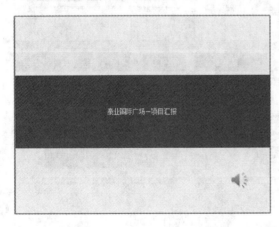

图 2-239

图 2-240

（4）内容页制作

1）新建一张幻灯片，更改版式为"标题和内容"，使用【插入】选项卡中【插图】组的【形状】选项，绘制两个"流程图-数据"形状，并分别编辑文字，如图 2-241 所示。

2）删除原版式中的标题文本框，提炼"素材"文件夹中对应的"文本.txt"文件中的"项目简介"部分的文字，在内容版式中编辑文字内容，如图 2-241 所示。

3）单击【插入】选项卡，在【图像】组中选择【图片】选项，选择"素材"文件夹中对应的"项目简介.jpg"文件，完成图片的插入，效果如图 2-241 所示。

图 2-241

4）在大纲区选择如图 2-241 所示的幻灯片，单击右键，弹出快捷菜单选择【复制】命令，在大纲区空白处单击右键，弹出快捷菜单，选择【粘贴】命令，粘贴出新幻灯片，并修改文字内容和图片内容，完成内容页制作，完成后效果如图 2-242、图 2-243 所示。

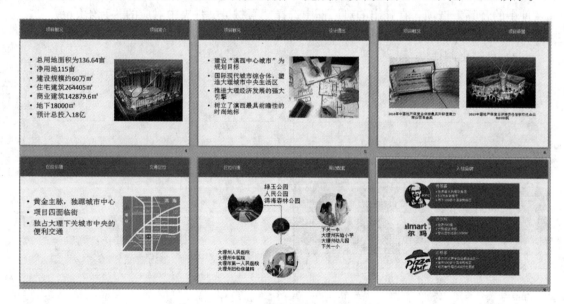

图 2-242

图 2-242 中第 8 页幻灯片制作时首先使用【插入】选项卡中【插图】组的【形状】选项，选择【椭圆】工具，按住 Shift 键绘制一个正圆；单击【格式】选项卡，在【形状样式】组中，选择【形状填充】选项，如图 2-244 所示，在【选择图片】对话框中选择对应的图片，完成图片填充。完成后，在该组中，选择【形状轮廓】选项，设置轮廓为"无轮廓"，如图 2-245 所示，完成后复制该正圆，修改填充图片和大小，最后用【插入】选项卡中【插图】组的【形状】选项，绘制连接线，提炼文字内容，完成该页制作。

图 2-243

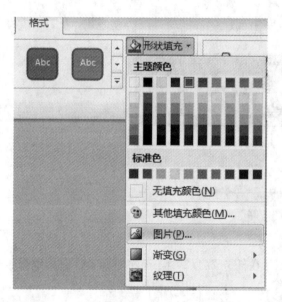

图 2-244

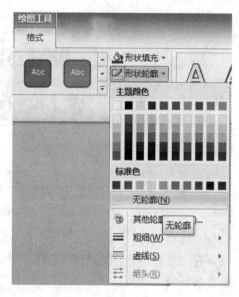

图 2-245

图 2-242 中第 9 页幻灯片制作时首先单击【插入】选项卡中【插图】组的【Smart-Art】选项，弹出【选择 SmartArt 图形】对话框，在左侧列表中选择"图片"，然后在右侧列表中选择"垂直图片重点列表"选项，如图 2-246 所示，最后单击【确定】按钮。

在 SmartArt 编辑窗口中，单击"🖾"图标，选择对应的图片，在文本编辑区，对素材中的"文字.txt"进行提炼，完成效果。

（5）封底页制作

复制封面页，在大纲区粘贴，修改文字为"汇报完毕 感谢聆听"，删除背景音乐图标，最终如图 2-247 所示。

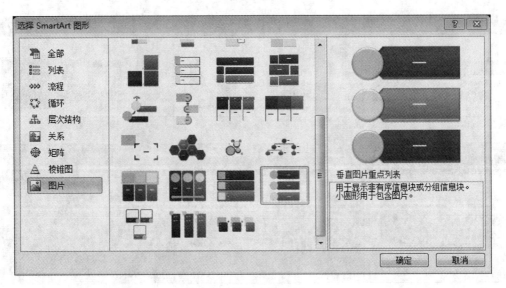

图 2-246

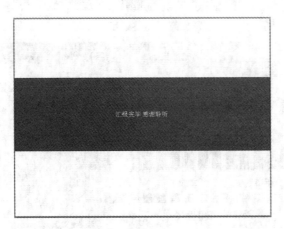

图 2-247

（6）保存文件

保存文件为"4-1-1 素材的使用.pptx"，在任务 2.4.2 中，还将对此文件进行编辑。

五、任务工作页

专业		授课教师	
工作项目	PowerPoint 演示文稿	工作任务	在 PowerPoint 中插入素材，完成构思
知识准备	1. PowerPoint 2010 概述 PowerPoint 2010 是美国微软公司开发的专门用于制作和演示多媒体电子幻灯片的软件。与以往的旧版本相比，PowerPoint 2010 具有新颖而崭新的外观，重新设置了用户界面，从而使创建、演示和共享演示文稿成为更方便快捷的体验。 2. PowerPoint 2010 基本概念 （1）演示文稿 演示文稿即 PowerPoint 文件，由若干张幻灯片组成，每张幻灯片都是演示文稿中既相互独立又相互联系的内容，默认的演示文稿文件名为"演示文稿 1"，其扩展名为 pptx（2007 版本之前扩展名为 ppt），也称为 PPT 文档。		

知识准备	（2）幻灯片 创建演示文稿文件实际上是创建一张张幻灯片，幻灯片是演示文稿最基本的组成元素，是演示文稿中文本、图形、声音、视频等内容的载体。 （3）对象 我们将幻灯片中的文字、图表、声音、视频以及其他任何可以插入的元素统称为对象。 （4）版式 幻灯片版式主要是指各种对象在幻灯片上的位置布局。利用版式可以使幻灯片的各种对象布局更加合理、简洁。PowerPoint 2010 提供了 11 种版式供用户使用。单击【开始】选项卡【幻灯片】组中的【版式】下拉按钮，即可打开版式的下拉列表。 （5）主题 主题的应用可以快速地统一演示文稿的外观，使所有的幻灯片具有专业而统一的外观。包括幻灯片的背景图案、字体、背景颜色等，使用主题的步骤是：单击【设计】选项卡【主题】组中【其他】下拉按钮，下拉列表框中列出了多种主题的缩略图。 （6）母版 母版是用于设置每张幻灯片的预设格式，包括幻灯片的标题、主要文本、背景、项目符号以及图形等格式			

工作过程	基本项目	完成任务 2.4.1				

	评价项目	评价项目及权重	权重	学生 自评 30 分	教师 评价 70 分	小计
任务评价	职业素质及 学习能力	1. 按时完成项目	0.4			
		2. 遵守纪律				
		3. 积极主动、勤学好问				
		4. 组织协调能力（用于分组教学）				
	专业能力及 创新意识	1. 完成指定要求后有实用性拓展	0.3			
		2. 完成指定要求后有美观性拓展				
	安全及 环保意识	1. 按要求使用计算机及实训设备	0.3			
		2. 按要求正确开、关计算机				
		3. 实训结束按要求整理实训相关设备				
		4. 爱护机房环境卫生				
	总分					
	教师总结					

任务 2.4.2 美化 PPT

一、任务要求

1. 掌握 PPT 中图片、文字的设置。

2. 掌握 PPT 中背景、动画、切换方式的设置。

二、任务分析

通过任务 2.4.1 的制作，完成了素材的填充，基本完成了内容页的制作，但存在文字、图片设置不合理、背景单调、换片方式呆板、内容出现效果不好等一系列的问题，小张想通过本任务进一步美化 PPT。

三、任务实施的路径与步骤

顺序	实施内容	达到效果
1	美化文字、图片	统一文字字体、大小；设置图上效果
2	设置背景效果	为每个主题设置统一背景
3	设置出现动画	设置内容动画
4	设置幻灯片切换方式	设置幻灯片切换方式

四、任务实施

打开"素材"文件夹中的"素材的使用.pptx"文件，对该文件进行美化，另存为"4-2-1 美化 PPT.pptx"。

1. 美化文字、图片

（1）制作艺术字

选择文件中的第 2 张封面页幻灯片，选中"泰业国际广场—项目汇报"，单击【插入】选项卡，在【文本】组中选择【艺术字】选项，在弹出的下拉列表中选择"填充-白色，投影"样式，插入艺术字后，删除原来的文本。

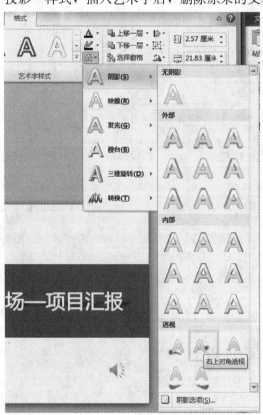

图 2-248

选中艺术字，修改字体为"微软雅黑"，单击【格式】选项卡，在【艺术字样式】组中选择"文字效果"项，在下拉列表中选择"阴影"菜单，弹出阴影列表，选择"右上对角透视"项，如图 2-248 所示。

单击【格式】选项卡在【艺术字样式】组中选择【文字效果】项，在下拉列表中选择【映像】菜单，弹出映像列表，选择"紧密映像-接触"项。完成后的效果如图 2-249 所示。

（2）文字美化

1）目录页制作

选择目录页中的所有内容，设置字体为"微软雅黑"，字号为"40 号"，字体颜色为"黑色，文字 1，淡色 25%"，调整位置，效果如图 2-250 所示。

2）内容页文字设置

设置所有内容页中文字字体为"微软雅黑"，可根据内容多少适当设置字号，字体颜色为"黑色，文字 1，淡色 25%"。

图 2-249   图 2-250

设置内容页中目录大标题"项目概况、区位价值、入驻品牌、开发团队、物业管理"为"微软雅黑",字号为"40号",设置映像为"紧密映像-接触"。

设置内容页中小标题"项目简介、设计理念、项目荣誉、交通区位、周边配套、开发商、设计单位、施工单位、物业管理、商业运营"字体为"微软雅黑",字号为"36号",设置阴影样式为"右上对角透视"。

使用格式刷将封面文字格式复制到封底,完成后的效果如图 2-251～图 2-253 所示。

图 2-251

（3）图片设置

1）封面、封底页形状设置

选择形状,单击【格式】选项卡,在【形状样式】组,单击预设滚动条,在弹出的预设列表中选择"中等效果-蓝色,强调颜色1",如图 2-254 所示。

2）内容页图片设置

选择第4～6张幻灯片,设置"项目概况"所在形状填充样式为"中等效果-红色,强调颜色1",设置"项目简介、设计理念、项目荣誉"所在的形状填充样式为"中等效果-蓝色,强调颜色1"。

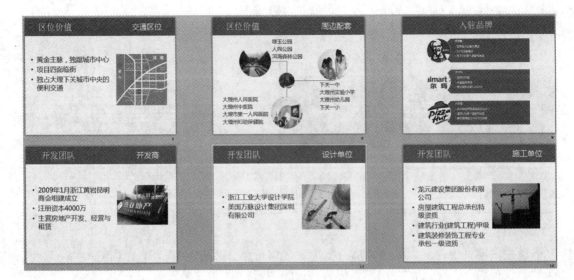

图 2-252

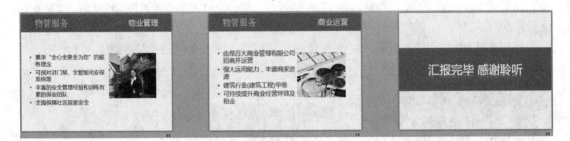

图 2-253

图 2-254

170

设置第 7、8 张幻灯片，设置"区位价值"所在形状填充样式为"中等效果-水绿色，强调颜色 1"，设置"交通区位、周边配套"所在的形状填充样式为"中等效果-紫色，强调颜色 1"。

设置第 9 张幻灯片，设置"入驻品牌"所在形状填充样式为"中等效果-绿色，强调颜色 1"。

设置第 10～12 张幻灯片，设置"开发团队"所在形状填充样式为"中等效果-黄色，强调颜色 1"，设置"开发商、设计单位、施工单位"所在形状填充样式为"中等效果-黑色，强调颜色 1"。

设置第 13、14 张幻灯片，设置"物管服务"所在形状填充样式为"中等效果-红色，强调颜色 1"，设置"物业管理、商业运营"所在形状填充样式为"中等效果-绿色，强调颜色 1"。

设置内容页中图片的样式为"映像圆角矩形"，完成上述操作后的效果如图 2-255～图 2-257 所示。

图 2-255

2. 设置背景效果

（1）设置开场视频背景

在第 1 张幻灯片上单击右键，弹出快捷菜单，选择【设置背景格式…】，如图 2-258 所示，弹出【设置背景格式】对话框，设置填充颜色为"黑色"，单击【关闭】按钮完成设置，如图 2-259 所示。

（2）使用主题设置目录页

选中第 3 张幻灯片，单击【设计】选项卡，在【主题】组，单击内置主题下拉滚动条，弹出【内置主题列表】，右键单击【夏至】主题，弹出快捷菜单，选择【应用于选定幻灯片】命令，如图 2-260 所示。使用主题后，适当调整文件位置。完成上述操作后，还可以在此设置配色方案、文字效果、主题效果等。

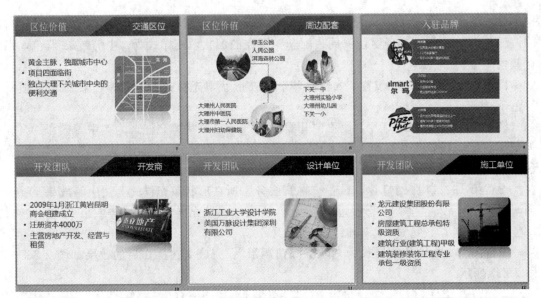

图 2-256

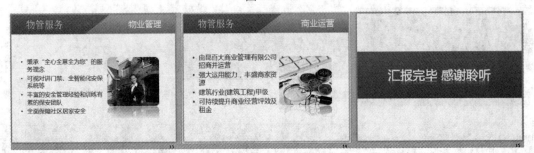

图 2-257

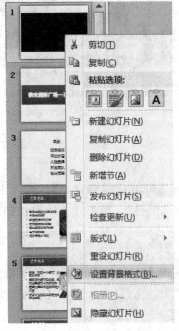

图 2-258

图 2-259

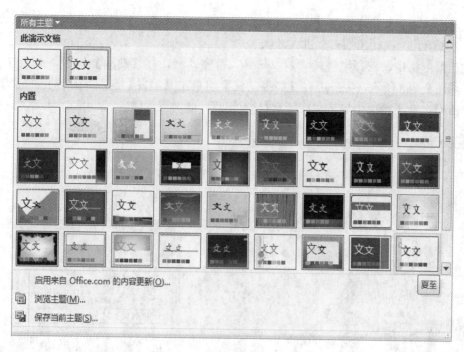

图 2-260

3. 设置动画

(1) 设置开场视频动画

设置第 1 张幻灯片，选择开场视频，单击【动画】选项卡，在【高级动画】组中，单击【动画窗格】选项，打开"动画窗格"窗口，如图 2-261 所示。

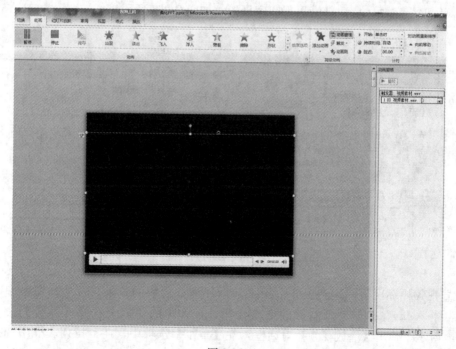

图 2-261

在【高级动画】组中选择【添加动画】选项，选择【进入】组中的"淡出"选项，如图 2-262 所示，为视频添加一个进入动画。

在动画窗格中，选择"视频素材.wmv"暂停动画，在【动画】组中，单击【播放】选项，如图 2-263 所示，完成后在【高级动画】组单击【触发】选项，在弹出的菜单中选择【单击▶】，在子菜单中单击"视频素材.wmv"，取消视频触发。

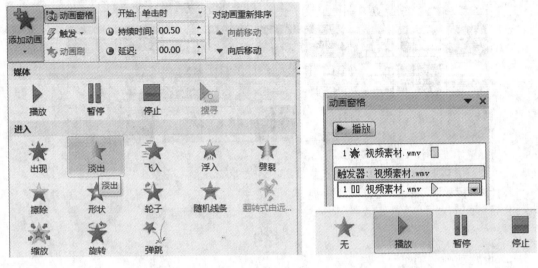

图 2-262   图 2-263

设置动画出现方式，在动画窗格中单击"视频素材.wmv"出现动画，在【计时】组选择"上一动画之后"选项，单击"视频素材.wmv"播放动画，在【计时】组选择"与上一动画同时"选项，完成动画出现顺序设置，如图 2-264 所示。

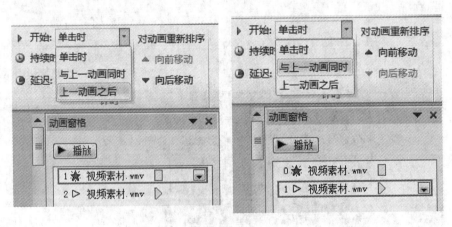

图 2-264

设置视频循环次数，达到正式汇报之前循环播放视频的效果。在动画窗格中，单击"视频素材.wmv"播放动画右侧的下拉按钮，在弹出的菜单中选择【计时】命令，如图 2-265 所示，弹出【播放视频】对话框，在【重复】选项中，在下拉列表框中选择"直到下一次单击"选项，如图 2-266 所示。

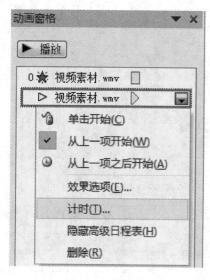

图 2-265

图 2-266

（2）设置封面和目录动画

选择第 2 张幻灯片，选择形状，单击【动画】选项卡，在【动画】组单击下拉滚动条，在【进入】动画组中，选择【擦除】动画，单击【效果选项】，在弹出的列表中选择"自左侧"，如图 2-267 所示。

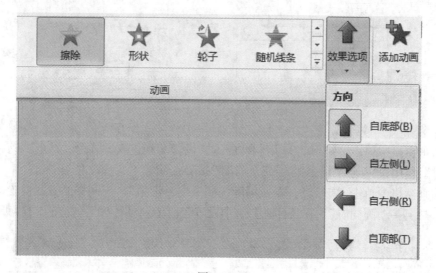

图 2-267

用同样的方法为艺术字添加自右侧的擦除动画。

设置背景音乐动画。单击动画窗格中"音乐.mp3"播放动画，在【高级动画】组单击【触发】选项，在弹出的菜单中选择【单击】，在子菜单中单击"音乐 mp3"，取消音乐触发。单击"音乐.mp3"右侧的下拉按钮，弹出菜单，选择【效果选项···】命令，如图 2-268 所示，打出播放音频对话框，在【停止播放】组中，单击"在（F）：张幻灯片后"在微调框中输入"15"，在【增加】效果组，设置"动画播放后（A）"为"播放动画后隐藏"，如图 2-269 所示。

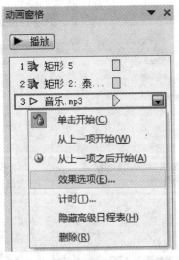

图 2-268   图 2-269

设置动画顺序与进入方式：单击动画窗格中"音乐.mp3"播放动画，通过动画窗格下方的▲重新排序按钮，将音乐动画调至最上方，如图 2-270 所示，通过【动画】选项卡中【计时】组设置开始方式为"与上一动画同时"，如图 2-271 所示。

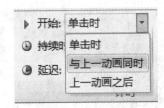

图 2-270   图 2-271

在动画窗格中单击"矩形 5"，用同样的方式设置动画进入方式为"与上一动画同时"，在【计时】组中设置延时为"01：00"，如图 2-272 所示。

在动画窗格中单击"矩形 2：泰业国际广场—项目汇报"，用同样的方式设置动画进入方式为"与上一动画同时"，在【计时】组中设置延时为"02：00"，如图 2-273 所示。

图 2-272   图 2-273

用同样的方式为目录页设置合适的内容进入动画。

(3) 设置内容页动画

通过上述内容的学习，我们掌握了进入动画的制作及其效果的设置，PowerPoint中，还可以制作强调动画、退出动画、路径动画等，制作出画的动画可以通过效果选项、触发、动画开始方式、结束方式、持续时间、延迟时间、循环次数等设置，制作出精美的动画效果。

设置第4张PPT动画。为"项目概况"所在的形状添加左侧"擦除"的进入动画，进入方式为"上一动画之后"，设置完进入动画后，单击【动画】选项卡，在【高级动画】组单击"添加动画"，在弹出的预设动画列表中，选择"不饱和"强调动画，并设置动画开始方式为"上一动画之后"，如图2-274所示，在右侧动画窗格中单击"流程图：数据5-项目概况"的强调动画，设置持续时间为"01：00"；单击右侧动画窗格，单击"流程图：数据5-项目概况"的强调动画右侧的下拉按钮，弹出【不饱和】对话框，设置"重复(R)"为"直到下一次单击"，如图2-275所示。

图 2-274

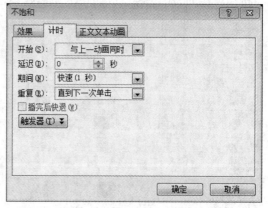

图 2-275

单击项目概况所在的形状，在【动画】选项卡的【高级动画】组中单击"动画刷"，然后再单击"项目简介"所在的形状，完成动画的复制。

单击文字所在的文本框，设置进入动画为"淡出"，设置动画开始方式为"上一动画之后"，在【效果选项】中设置序列为"按段落"，如图2-276所示。

单击图片，设置进入动画为"缩放"，设置动画开始方式为"上一动画之后"，在【效果选项】中设置形状为"圆形"，方向为"缩小"，如图2-277所示。

用同样的方式，根据个人喜好为其他页面设计动画的进入方式、强调方式。使用动画时，一定要根据演讲者的演讲意图，灵活设置动画的进入方式、时间，合理设置强调动画。

4. 设置幻灯片切换效果

幻灯片的切换指的是幻灯片的进入方式，合理的设计幻灯片进入方式，可以增加PPT的动态效果，达到很好的吸引听众注意力的目的。

图 2-276   图 2-277

（1）设置封面面的切换方式

选择第 2 张幻灯片封面页，单击【切换】选项卡，在【切换此幻灯片】组中，单击下拉按钮，在列表中选择"开门"的切换效果，如图 2-278 所示。

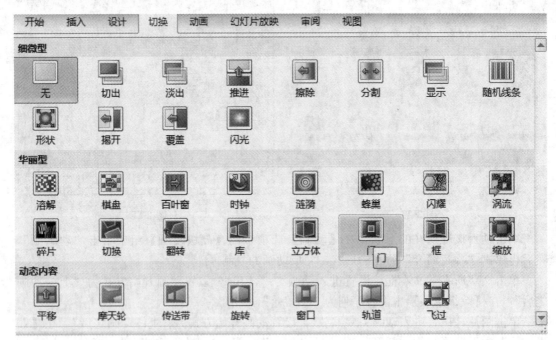

图 2-278

（2）设置其他页面切换方式

用同样的方式设置其他页面的切换方式，也可以选择一种切换方式，在【计时】组中，单击"全部应用"选项为所有的幻灯片设置一种相同的切换方式，还可以根据演讲者的需要在【计时】的【换片方式】中设置为"单击鼠标"或"设置自动换片时间"进行换

178

片，如图 2-279 所示。

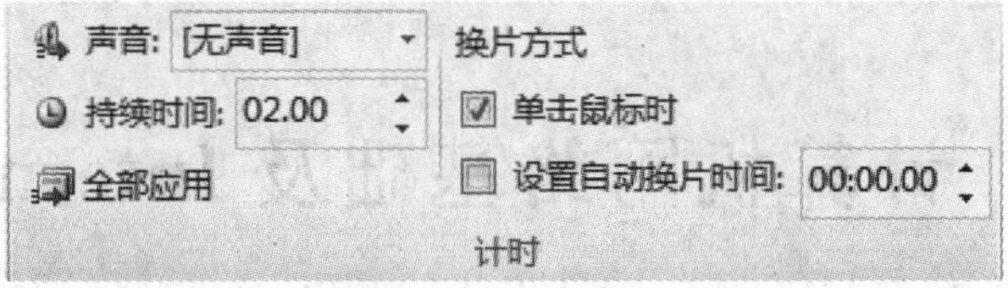

图 2-279

五、任务工作页

专业		授课教师	
工作项目	PowerPoint 演示文稿	工作任务	美化 PPT
知识准备	参考任务 2.4.1 的五、任务工作页的知识准备		
工作过程	基本任务	完成任务 2.4.2 的幻灯片制作	
	拓展任务	使用模板设计本任务，要求设置幻灯片比例为 16∶9，更改比例后，重新设计 PPT 中的各元素	

	评价项目	评价项目及权重	权重	学生自评（30 分）	教师评价（70 分）	小计
任务评价	职业素质及学习能力	1. 按时完成项目	0.4			
		2. 遵守纪律				
		3. 积极主动、勤学好问				
		4. 组织协调能力（用于分组教学）				
	专业能力及创新意识	1. 完成指定要求后有实用性拓展	0.3			
		2. 完成指定要求后有美观性拓展				
	安全及环保意识	1. 按要求使用计算机及实训设备	0.3			
		2. 按要求正确开、关计算机				
		3. 实训结束按要求整理实训相关设备				
		4. 爱护机房环境卫生				
	总分					
	教师总结					

情境 3　计算机网络基础及 Internet 应用

项目 3.1　计算机网络基础及应用

任务 3.1.1　办公室局域网的应用

一、任务要求

在 2 学时内按要求完成网络共享配置并学习相关知识。

二、任务分析

计算机网络已经成为人们获取和发布信息的主要渠道，已经融合在日常工作和学习的各个方面，网络正在改变着人们的生活。在办公室中，文件、打印共享，协同办公等已经普遍应用。本任务主要介绍办公室中如何实现文件、打印共享等内容。

三、任务实施的路径与步骤

顺序	实施内容	达到效果
1	IP 地址配置	配置各自的 IP 地址，实现两台计算机网络互通
2	网络连通性测试	测试同一组计算机网络是否连接正常
3	共享文件夹设置	将各自指定的文件夹设置为共享，以便对方访问
4	共享权限设置	能正确的配置共享权限，保障自身文件安全
5	访问共享资源	完成文件互相访问，验证共享

四、任务实施

1. IP 地址配置

为网卡配置 IP 地址有两种方式，一种是自动分配；一种是手动分配，本任务为办公室局域网，因此采用手动分配 IP 地址，配置方法如下：

（1）IP 地址配置

① 右键点击桌面上的"网络"图标，在弹出的快捷菜单中选择【属性】命令，打开"网络和共享中心"窗口。

② 在"网络和共享中心"窗口中单击更改"适配器设置"，进入"网络连接"窗口，右键单击"本地连接"图标，在弹出的快捷菜单中选择【属性】命令，打开"本地连接属性"对话框。

③ 在弹出的"本地连接属性"对话框中双击"Internet 协议版本 V4（TCP/IP）"选项，如图 3-1 所示，打开"Internet 协议版本 V4（TCP/IPV4）"，如图 3-2 所示。

④ 在弹出的"Internet 协议版本 V4（TCP/IP）"对话框中选择"使用下面的 IP 地址（S）"单选按钮；在"IP 地址"对应的文本框中输入"192.168.1.2"，在"子网掩码"对应的文本框中输入"255.255.2550"，如图 3-2 所示。

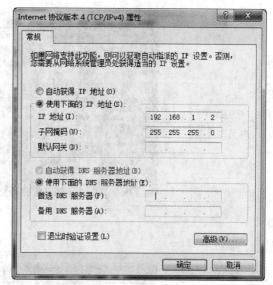

图 3-1   图 3-2

⑤ 单击【确定】按钮。

用同样的方法设置另一台计算机的 IP 地址设置为"192.168.1.3",子网掩码相同。

2. 网络连通性测试

在配置完 IP 地址后,使用 Ping 命令探测对方计算机 IP 地址,以确定是否与对方计算机能进行正常通信,具体操作如下:

(1) 在 IP 地址设置为"192.168.1.2"的计算机中单击【开始】菜单,在"搜索程序和文件"文本框中输入"CMD"命令,如图 3-3 所示。

(2) 输入"CMD"命令后,按回车键,打开 DOS 命令窗口,如图 3-4 所示。

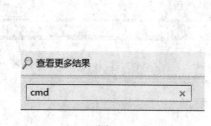

图 3-3   图 3-4

(3) 在命令行中输入"Ping 192.168.1.3",按【Enter】键,出现如图 3-5 所示表示两台计算机网络已连通;出现如图 3-6 所示则表示网络异常,需重新检查 IP 地址设置或安全配置。

在 IP 地址为"192.168.1.3"的计算机中进行测试时需在命令行输入"Ping 192.168.1.2",确保两台计算机能互联互通后,方可进行下一步操作。

3. 设置共享文件夹

(1) 在 IP 地址为"192.168.1.2"的计算机桌面上新建文件夹,用于存放文件,并取名为 A,并在文件夹 A 中新建 Word 文档"我是 A 同学.docx",如图 3-7 所示。

```
C:\WINDOWS\system32\cmd.exe                                    _ □ ×

Microsoft Windows XP [版本 5.1.2600]
<C> 版权所有 1985-2001 Microsoft Corp.

C:\Documents and Settings\Administrator>ping 192.168.1.2

Pinging 192.168.1.2 with 32 bytes of data:

Reply from 192.168.1.2: bytes=32 time<1ms TTL=128
Reply from 192.168.1.2: bytes=32 time<1ms TTL=128
Reply from 192.168.1.2: bytes=32 time<1ms TTL=128
Reply from 192.168.1.2: bytes=32 time<1ms TTL=128

Ping statistics for 192.168.1.2:
    Packets: Sent = 4, Received = 4, Lost = 0 (0% loss),
Approximate round trip times in milli-seconds:
    Minimum = 0ms, Maximum = 0ms, Average = 0ms

C:\Documents and Settings\Administrator>_
```

图 3-5

```
C:\WINDOWS\system32\cmd.exe                                    _ □ ×

Microsoft Windows XP [版本 5.1.2600]
<C> 版权所有 1985-2001 Microsoft Corp.

C:\Documents and Settings\Administrator>ping 192.168.1.2

Pinging 192.168.1.2 with 32 bytes of data:

Request timed out.
Request timed out.
Request timed out.
Request timed out.

Ping statistics for 192.168.1.2:
    Packets: Sent = 4, Received = 0, Lost = 4 (100% loss),

C:\Documents and Settings\Administrator>
```

图 3-6

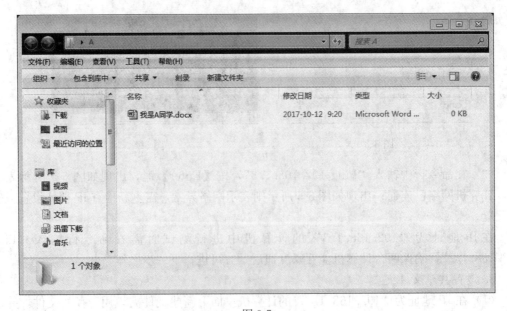

图 3-7

（2）设置共享

文件共享是基于文件夹的，不能对文件直接进行共享设置，因此，我们只能在文件夹上设置共享。

右键单击文件夹"A"，在弹出的快捷菜单中选择【属性】命令，然后在弹出的"A属性"窗口的【共享】选项卡中单击【高级共享】按钮，如图3-8所示，打开"高级共享"窗口，如图3-9所示。

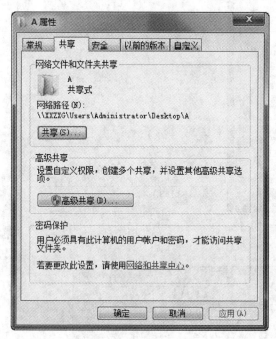 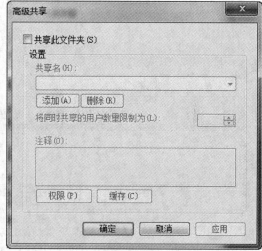

图 3-8   图 3-9

（3）共享名及权限设置

共享权限设置可以设置网络用户对文件夹的访问权限。在图3-9所示的话框中单击"共享此文件夹"选项，默认共享名为A，然后单击【权限】按钮，弹出【A的权限】对话框，如图3-10所示。在权限对话框中，可设置共享用户对此文件夹的操作权限，设置时，通过【添加（D）】按钮实现对用户或用户组进行添加，添加完用户组后，选择对应的用户组，在下方的权限列表中，可以进行相应用户组权限的设置。

对用户组"Everyone"配置共享权限，默认值为"读取"，本任务设置为"完全控制"。

4. 访问共享资源

在IP地址为"192.168.1.3"的计算机中，单击【开始】菜单，在"搜索程序和文件"文本框中输入" \\ 192.168.1.2"命令，如图3-11所示，按回车键即可查看目标计算机中的共享资源，如图3-12所示。

在实际工作中，由于安装操作系统时所使用的版本或安装了防火墙等因素，在进行共享设置时，需根据实际情况对用户权限、防火墙、安全策略等进行设置。

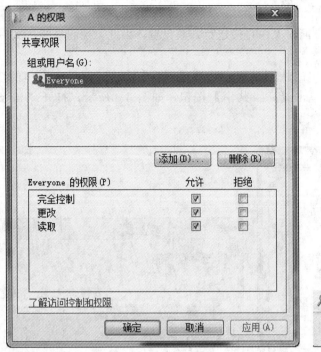

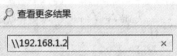

图 3-10   图 3-11

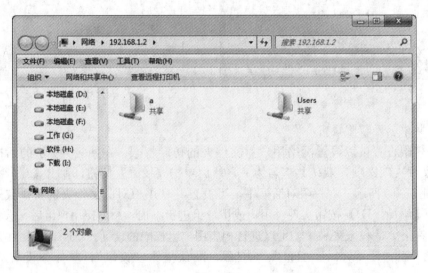

图 3-12

五、任务工作页

专业		授课教师	
工作项目	计算机网络基础及应用	工作任务	办公局域网应用
知识 准备	1. 计算机网络的定义 利用通信线路和通信设备，将分布在不同地点的具有独立功能的多个计算机系统互相连接起来，在功能完善的网络软件的支持下实现彼此间的数据通信和资源共享的系统。		

知识 准备	2. 计算机网络的功能 （1）数据通信 （2）资源共享 （3）提高计算机的可靠性 （4）分布式处理 3. 计算机网络的分类 （1）按地理范围分类 广域网（WAN）：网络跨越国界、洲界，甚至全球范围。 局域网（LAN）：一般限定在较小的区域内，小于10km的范围。 城域网（MAN）：规模局限在一座城市的范围内，10～100km的区域。 （2）按拓扑结构分类 总线型、环型、星型。 4. 网络中的设备 （1）传输介质：同轴电缆、双绞线、光纤、微波、电话线、无线电。 （2）调制解调器：用于数字信息和模拟信号的相互转换。 （3）集线器：扩充网络的级联设备。 （4）中断器：网段间延伸时，对信号进行放大、复制、接收和传送等处理。 （5）路由器、光电转换器、网卡。 5. 网络通信协议 （1）定义：通信双方共同遵守的一套对话规则。 （2）开放系统互联模型（OSI）：物理层、数据链路层、网络层、传输层、会话层、表示层、应用层。 （3）常见网络中的通信协议 局域网：以太网采用 CSMA/CD 协议，令牌环网采用 Token Ring 协议，Novell 网采用 SPX/IPX协议。 广域网：分组交换网采用 X.25 协议。 互联网：Internet 网采用 TCP/IP 协议。核心思想是将数据分割成不超过一定大小的信息包后进行传送		

工作 过程	基本 任务	参照文件共享设置打印机共享				

项目评价	评价项目	评价项目及权重	权重	学生自评 （30分）	教师评价 （70分）	小计
	职业素质及 学习能力	1. 按时完成项目	0.4			
		2. 遵守纪律				
		3. 积极主动、勤学好问				
		4. 组织协调能力（用于分组教学）				
	专业能力及 创新意识	1. 完成指定要求后有实用性拓展	0.3			
		2. 完成指定要求后有美观性拓展				
	安全及 环保意识	1. 按要求使用计算机及实训设备	0.3			
		2. 按要求正确开、关计算机				
		3. 实训结束按要求整理实训相关设备				
		4. 爱护机房环境卫生				
	总分					
	教师总结					

任务 3.1.2　创建家庭 ADSL 拨号连接

一、任务要求

在 2 学时内按要求完成操作并学习相关知识。

二、任务分析

在我国 ADSL 宽带连接较为普遍。在实际应用中会因误删除拨号连接或操作系统重装等因素丢失拨号连接。为解决实际问题，本任务将介绍如何新建家庭 ADSL 宽带连接，通过学习，读者可以掌握 ADSL 连接的设置方法。

三、任务实施的路径与步骤

顺序	实施内容	达到效果
1	创建拨号连接	创建 ADSL 家庭拨号连接

四、任务实施

1. 创建 ADSL 拨号连接

（1）右键单击桌面上的"网络"图标，在弹出的快捷菜单中选择【属性】命令。

（2）在弹出的"网络和共享中心"窗口中单击"设置新的连接或网络"选项，如图 3-13 所示。

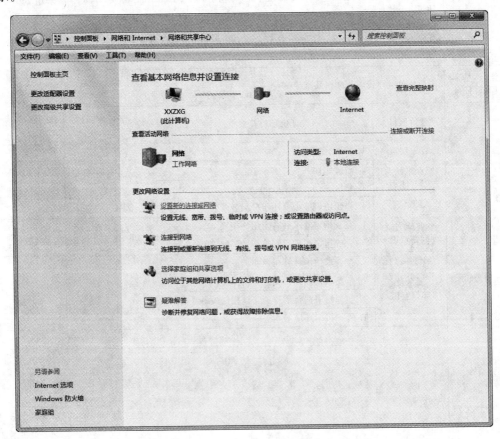

图 3-13

（3）在弹出的"设置连接或网络"窗口中选择"连接到 Internet"选项，如图 3-14 所示，单击【下一步】按钮。

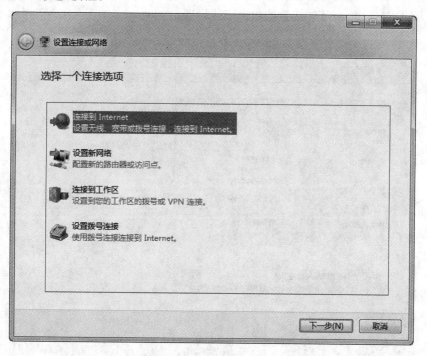

图 3-14

（4）在"连接到 Internet"窗口中选择"宽带（PPPOE）（R）"选项，如图 3-15 所示，单击【下一步】按钮。

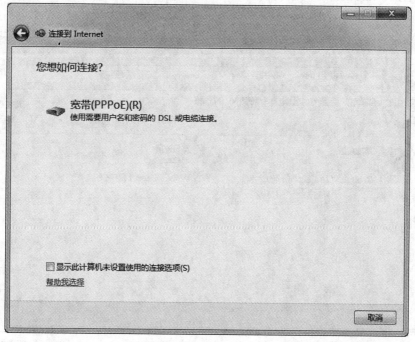

图 3-15

（5）在"连接到 Internet"窗口的"键入您的 Internet 服务提供商（ISP）提供的信息"页中输入 Internet 服务提供商提供的用户名和密码，连接名称可以随意更改，如图 3-16 所示，输入完成后，单击【连接】按钮，完成设置。

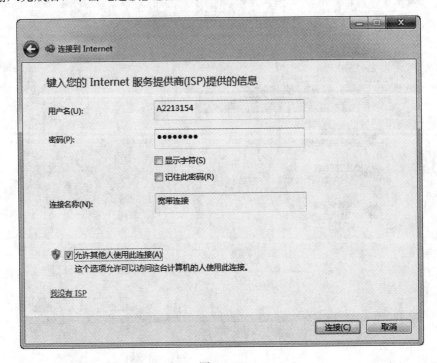

图 3-1-16

（6）设置完成后，在"网络和共享中心"窗口中，单击"更改适配器设置"并可查看所创新的连接，如图 3-17 所示。

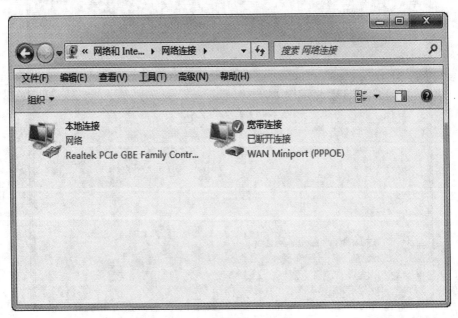

图 3-17

（7）为了便于后期使用，在如图 3-17 所示的"网络连接"窗口中的"宽带连接"图标上单击右键，在弹出的快捷菜单中，单击"创建快捷方式（S）"命令，如图 3-18 所示，在桌面上创建快捷方式。

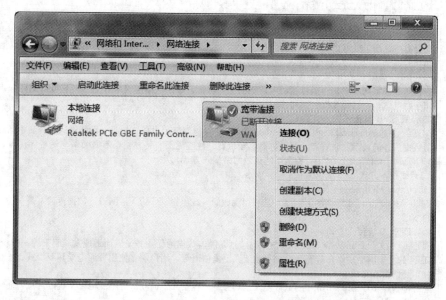

图 3-18

（8）在桌面上双击"宽带连接"快捷图标，打开宽带连接，输入密码后，便可以进行连接，如图 3-19 所示。

图 3-19

五、任务工作页

专业		授课教师	
工作项目	计算机网络基础及应用	工作任务	创建家庭 ADSL 拨号连接

<table>
<tr><td rowspan="1">知识准备</td><td colspan="3">
常见的因特网接入方式主要有：拨号接入、专线接入、无线接入和局域网接入。

1. 拨号接入方式

（1）普通 MODEM 拨号接入方式

只要有电话线，就可以上网，安装简单。拨号上网时，MODEM 通过拨打 ISP 提供的接入电话号（如 96169，95578 等）实现网络接入。

（2）ISDN 拨号接入方式

综合业务数字网，能在一根普通的电话线上提供语音、数据、图像等综合业务，它可以供两部终端（例如一台电话、一台传真机）同时使用。

（3）ADSL 虚拟拨号接入方式

ADSL（Asymmetrical Digital Subscriber Line，非对称数字用户环路）是一种能够通过普通电话线提供宽带数据业务的技术，它具有下行速率高、频带宽、性能优、安装方便、不需缴纳电话费等优点，成为继 MODEM、ISDN 之后的又一种全新的高效网络接入方式。

2. 专线接入方式

（1）Cable MODEM 接入方式

Cable MODEM（线缆调制解调器）是利用现成的有线电视（CATV）网进行数据传输，是一种比较成熟的技术。

（2）DDN 专线接入方式

DDN 是英文 Digital Data Network 的缩写，这是随着数据通信业务发展而迅速发展起来的一种新型网络。DDN 的主干网传输媒介有光纤、数字微波、卫星信道等，用户端多使用普通电缆和双绞线。

（3）光纤接入方式

光纤能提供 100～1000Mbps 的宽带接入，具有通信容量大、损耗低、不受电磁干扰的优点，能够确保通信畅通无阻。

3. 无线接入方式

（1）GPRS 接入方式

通用分组无线业务（General Packet Radio Service，GPRS），是一种新的分组数据承载业务。下载资料和通话是可以同时进行的。目前 GPRS 达到 115kbps，是常用 56kbps MODEM 理想速率的两倍。

（2）蓝牙技术

蓝牙技术是 10m 左右的短距离无线通信标准，用来设计在便携式计算机、移动电话以及其他的移动设备之间建立起一种小型、经济、短距离的无线链路。

4. 局域网接入方式

局域网接入方式一般可以采用 NAT（网络地址转换）或代理服务器技术让网络中的用户访问因特网。
</td></tr>
</table>

项目评价	评价项目	评价项目及权重	权重	学生自评（30 分）	教师评价（70 分）	小计
	职业素质及学习能力	1. 按时完成项目	0.4			
		2. 遵守纪律				
		3. 积极主动、勤学好问				
		4. 组织协调能力（用于分组教学）				
	专业能力及创新意识	1. 完成指定要求后有实用性拓展	0.3			
		2. 完成指定要求后有美观性拓展				
	安全及环保意识	1. 按要求使用计算机及实训设备	0.3			
		2. 按要求正确开、关计算机				
		3. 实训结束按要求整理实训相关设备				
		4. 爱护机房环境卫生				
	总分					
	教师总结					

项目 3.2　Internet 应用

任务 3.2.1　使用搜索引擎收集资料

一、任务要求

在 2 学时内搜集"青少年吸烟的危害"的相关资料，完成 PowerPoint 制作。

二、任务分析

搜索引擎是我们生活中不可或缺的，它是我们学习、生活的重要工具。本任务主要介绍百度搜索引擎的使用，在巩固 PowerPoint 的基础上熟悉搜索引擎的使用。

三、任务实施的路径与步骤

顺序	实施内容	达到效果
1	使用搜索引擎获取文字素材	收集文字素材制作演示文稿
2	使用搜索引擎获取图片素材	收集图片素材制作演示文稿
3	使用搜索引擎获取声音素材	收集声音素材制作演示文稿

四、任务实施

1. 使用搜索引擎获取文字素材

（1）打开百度搜索引擎

① 双击桌面上的"Internet Explorer"图标，启动 IE 浏览器。

② 在 IE 浏览器地址栏输入 Http://www.baidu.com 并按回车键，打开百度主页，如图 3-20 所示。

图 3-20

（2）输入关键字进行搜索

① 在百度主页的搜索类中选择"网页"（默认选项）选项。

② 在主页文本框中输入"青少年吸烟的危害"并按回车键或单击【百度一下】按钮，得到如图 3-21 所示的搜索结果。

（3）保存文字信息

① 单击搜索结果中你想查看的条目，本任务以第一条为例。

② 打开后使用鼠标拖选文字内容，在选中的地方单击右键，在弹出的快捷菜单中选择【复制】命令，完成网页文字的复制操作。

③ 打开 PowerPoint 演示文稿进行粘贴。

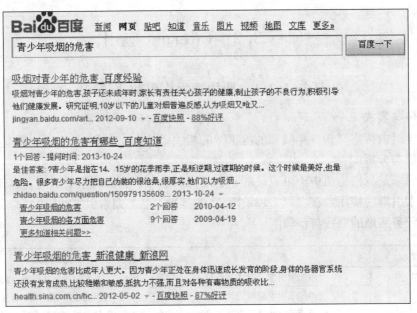

图 3-21

2. 使用搜索引擎获取图片素材

（1）在百度主页的搜索类中选择"图片"选项。

（2）在主页文本框中输入"青少年吸烟的危害"并按回车键或单击【百度一下】按钮，得到如图 3-22 所示的搜索结果。

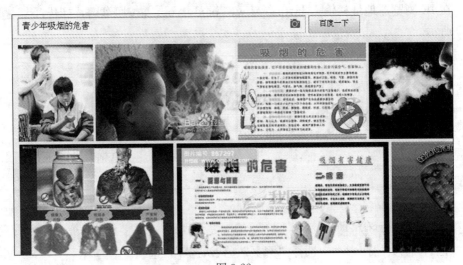

图 3-22

（3）打开需要的图片即可进行下载后使用，也可直接进行复制，在 PowerPoint 中进行粘贴。

3. 使用搜索引擎获取声音素材

（1）在百度主页的搜索类中选择"音乐"选项。

（2）在主页文本框中输入"轻音乐"并按回车键或单击【百度一下】按钮，得到如图 3-23 所示的结果列表。

（3）找到自己喜欢的音乐后下载使用，在 PowerPoint 中作为背景音乐使用。

图 3-23

五、任务工作页

专业		授课教师	
工作项目	Internet 应用	工作任务	使用搜索引擎收集资料
知识准备	<p>1. Internet 定义</p><p>Internet，中文正式译名为因特网，又称为国际互联网。它是由那些使用公用语言互相通信的计算机连接而成的全球网络。一旦你连接到它的任何一个节点上，就意味着您的计算机已经连入 Internet 网了。</p><p>2. TCP/IP 协议</p><p>TCP/IP 是供已连接因特网的计算机进行通信的通信协议。</p><p>TCP/IP 指传输控制协议/网际协议（Transmission Control Protocol/Internet Protocol）。</p><p>TCP/IP 定义了电子设备如何连入因特网，以及数据如何在它们之间传输的标准。</p><p>3. 万维网</p><p>WWW 是环球信息网的缩写，（亦作"Web"、"WWW"、"W3"，英文全称为"World Wide Web"），中文名字为"万维网"，"环球网"等，常简称为 Web。分为 Web 客户端和 Web 服务器程序。WWW 可以让 Web 客户端（常用浏览器）访问浏览 Web 服务器上的页面。在这个系统中，每个有用的事物，称为"资源"；并且由一个全局"统一资源标识符"（URI）标识；这些资源通过超文本传输协议 (Hypertext Transfer Protocol) 传送给用户，而后者通过点击链接来获得资源。</p><p>4. IP 地址和域名地址</p><p>IP 地址也采用分层结构，所谓 IP 地址就是给每个连接在 Internet 上的主机分配一个在全世界范围内唯一的 32bit 地址，它通常很直观的以圆点分隔号分隔的 4 个十进制数字表示，每个十进制数字对应 8 个二进制的比特串，值为 0~255，这种格式的地址称为点分十进制地址。</p><p>域名与 IP 地址的结构一样，采用的是典型的层次结构，Internet 主机域名的排列原则是低层的子域名在前面，而它们所属的高层域名在后面，一般格式为：四级域名.三级域名.二级域名.顶级域名。</p><p>域名将整个 Internet 划分为多个顶级域，并为每个顶级域规定了通用的顶级域名。除美国外，其他国家的顶级域名是以地理模式划分的，每个申请接入 Internet 的国家都可以用它的英文简写来作为一个顶级域出现。</p><p>常见的组织性域名：com（商业组织）、edu（教育机构）、gov（教育机构）、net（网络支持中心）、org（各种非营利性组织）、mil（军事部门）。</p><p>常见的地域性域名：Cn 中国 Jp 日本 Kr 韩国 Fr 法国</p>

评价项目	评价项目及权重	权重	学生自评 （30分）	教师评价 （70分）	小计
项目评价	职业素质及 学习能力				
	1. 按时完成项目	0.4			
	2. 遵守纪律				
	3. 积极主动、勤学好问				
	4. 组织协调能力（用于分组教学）				
	专业能力及 创新意识				
	1. 完成指定要求后有实用性拓展	0.3			
	2. 完成指定要求后有美观性拓展				
	安全及 环保意识				
	1. 按要求使用计算机及实训设备	0.3			
	2. 按要求正确开、关计算机				
	3. 实训结束按要求整理实训相关设备				
	4. 爱护机房环境卫生				
总分					
教师总结					

任务 3.2.2　给老师发送电子邮件

一、任务要求

在 2 学时内完成 Internet 操作体验，并将截图及任务 3.2.1 的成果、教学意见及建议以电子邮件的形式发送给任课教师。

二、任务分析

Internet 的各项应用正改变着我们的工作、学习、生活方式，尤其是以云服务、移动终端为代表的一些新技术。本任务以电子邮件、云服务、Android 客户端下载为例介绍常用的 Internet 新技术。

三、任务实施的路径与步骤

顺序	实施内容	达到效果
1	电子邮件的注册	注册 163 电子邮箱
2	百度云服务使用	注册百度账号，学会使用云服务
3	使用电子邮箱发送电子邮件	

四、任务实施

1. 电子邮件使用

（1）注册电子邮箱

① 双击桌面上的"Internet Explorer"图标，启动 IE 浏览器。

② 在 IE 浏览器地址栏输入 http://mail.163.com，打开 163 电子邮箱登录及注册界面，如图 3-24 所示。

③ 单击【注册】按钮，在弹出的注册界面中选择【注册字母邮箱】选项，在注册页面中输入电子邮箱账号、密码验证码信息，单击【立即注册】按钮，如图 3-25 所示。

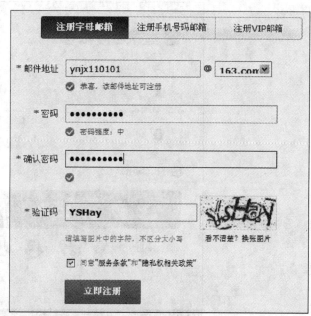

图 3-24   图 3-25

④ 注册完成后将自动跳转进入电子邮箱，如图 3-26 所示。

图 3-26

2. 百度云服务

（1）注册百度账号

① 双击桌面上的"Internet Explorer"图标，启动 IE 浏览器。

② 在 IE 浏览器地址栏输入 http://yun.baidu.com，打开百度云账号登录及注册界

面，如图 3-27 所示。

图 3-27

③ 单击【注册百度账号】选项，在弹出的注册界面中输入电子邮箱账号、密码、验证码信息，单击【注册】按钮，如图 3-28 所示。

图 3-28

④ 在邮件激活界面单击【立即进入邮箱】，登录注册时输入的邮箱，单击【收件箱】选项，打开激活邮件，如图 3-29 所示。

⑤ 点击激活链接，输入验证码后将自动跳转至百度云个人主页，如图 3-30 所示，按下键盘上的【Print Screen】键，将登录成功的百度云个人主页截图，打开画图进行粘贴，然后将截图保存。

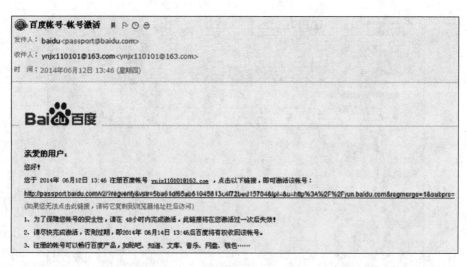

图 3-29

图 3-30

　　百度云提供了 5G 免费网盘存储空间，提供文件存储，同时还可以在计算机、手机、平板电脑上安装客户端，将手机端的通讯录、通话记录、短信、相册等内容自动同步至云端，在更换手机时只需要重新安装百度客户端，登录后便可从云端自动同步至手机。

　　电子邮箱与百度云在后续使用时需打开注册时打开的第一个页面，输入账号、密码、验证码后即可登录使用。

　　3. 使用电子邮箱发送项目文件给老师

　　（1）登录电子邮箱

　　启动 IE 浏览器，在 IE 地址栏输入 http://mail.163.com，打开 163 电子邮箱登录界面，输入用户名、密码，单击登录，进入邮箱主界面，单击【写信】选项，打开邮件编辑界面，如图 3-31 所示。

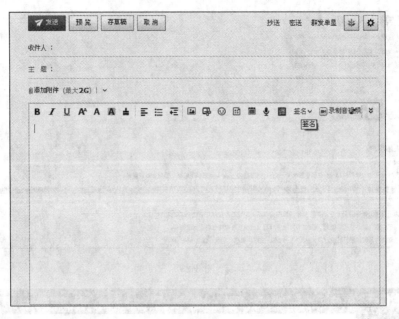

图 3-31

（2）发送电子邮件

① 在收件人处输入教师电子邮箱地址，如 ynjxteacher@163.com。

② 将主题设置为"Internet 项目文件及教学建议"。

③ 单击【添加附件】，依次添加任务 3.2.1 项目文件"青少年吸烟的危害.ppt"和"百度云个人主页.jpg"两个文件。

④ 在正文处写出教学建议，如图 3-32 所示，单击【发送】，即可完成电子邮件的发送。

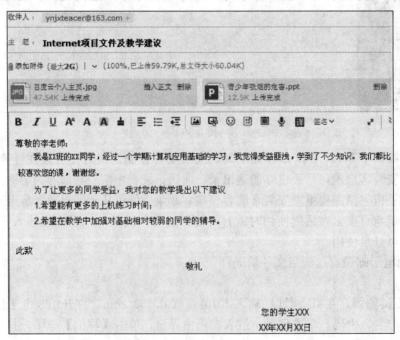

图 3-32

五、任务工作页

专业			授课教师	
工作项目		网络基础知识介绍及应用	工作任务	给老师发送电子邮件

知识准备	1. Internet 的发展 （1）起源于 1969 年的 ARPA 网 （2）中国四大互联网 1）中国教育科研网（CerNet） 2）中国公共互联网（ChinaNet） 3）中科院网（CstNet） 4）中国金桥网（GbNet） 2. Internet 的功能 （1）电子邮件 email （2）文件传输 ftp （3）信息浏览 www （4）远程登录 telnet （5）扩展服务：电子公告牌 BBS、新闻组 NewsGroup、名录服务、信息查询 3. 信息浏览和电子邮件 （1）信息浏览 1）协议：信息浏览遵循超文本链接协议 http 2）网址（统一资源定位器 URL）的组成 3）协议：//域名标识/域名计算机的文件夹层次路径和文件名，如：http://www.hf.ah.cn/index.htm 4）如何查阅信息 搜索引擎：www.baidu.com 专业搜索网站：新浪 www.sina.com.cn、搜狐 www.sohu.com 网站的结构：层次型的导航结构 （2）电子邮件 SMTP（Simple Mail Transfer Protocol）即简单邮件传输协议，它是一组用于由源地址到目的地址传送邮件的规则，由它来控制信件的中转方式。 POP3（Post Office Protocol 3）即邮局协议的第 3 个版本，它规定怎样将个人计算机连接到 Internet 的邮件服务器和下载电子邮件的电子协议。 邮件地址的构成：用户名@邮件服务器名，如：User@mail.hf.ah.cn。 邮件的种类：基于 web 的邮件，基于 pop 的邮件

工作过程	拓展项目	通过搜索引擎搜索学习相关的材料

项目评价	评价项目	评价项目及权重	权重	学生自评（30分）	教师评价（70分）	小计
	职业素质及学习能力	1. 按时完成项目 2. 遵守纪律 3. 积极主动、勤学好问 4. 组织协调能力（用于分组教学）	0.4			
	专业能力及创新意识	1. 完成指定要求后有实用性拓展 2. 完成指定要求后有美观性拓展	0.3			
	安全及环保意识	1. 按要求使用计算机及实训设备 2. 按要求正确开、关计算机 3. 实训结束按要求整理实训相关设备 4. 爱护机房环境卫生	0.3			
	总分					
	教师总结					